Super M

Arbeitsheft

2

Herausgegeben von
Ursula Manten
Reinhard Forthaus
Matthia Gratzki

Erarbeitet von
Ulrike Braun
Reinhard Forthaus
Ursula Manten
Ariane Ranft
Gabi Viseneber
Mirjam Walde

Illustrationen von
Martina Leykamm
Dorothee Mahnkopf

Cornelsen

Inhalt

		Schulbuch	Förderheft Einstiege	Förderheft Aufstiege
Wiederholung				
Addieren/Subtrahieren	3	4/5	2	2
Addieren/Subtrahieren	4	6/7	3	3
Sachrechnen	5	8/9	4	4
Die Zahlen bis 100				
Bündeln	6	10/11	5	5
Hunderterfeld – Zehnerzahlen	7	12/13	6	6
Die Zahlen bis 100	8	14/15	7	7
Die Hundertertafel	9	16/17	8	8
Der Zahlenstrahl / Zahlen ordnen	10	18/19	9	9
Muster/Zahlenfolgen/ Rechenstrich	11	20/21	10	10
Geometrie Teil 1				
Geometrische Grundformen	12	22/23	11	11
Geometrische Grundformen – Körper	13	24/25	12	12
Geobrett	14	26/27	13	13
Addition und Subtraktion Teil 1				
Addieren mit Zehnerzahlen	15	30/31	15	15
Addieren mit Einerzahlen	16	32/33	15	15
Addieren	17	34/35	16	16
Subtrahieren von Zehnerzahlen	18	36/37	17	17
Subtrahieren von Einerzahlen	19	38/39	17	17
Subtrahieren	20	40/41	18	18
Addieren und Subtrahieren	21	44/45	20	20
Addieren und Subtrahieren üben	22	46/47	20	20
Größen Teil 1 – Geld, Längen				
Unser Geld – Scheine und Münzen	23	48/49	21	21
Sachrechnen	24	50/51	22	22
Längen	25	52/53	23	23
Meter und Zentimeter: Messen und zeichnen	26	54/55	24	24
Multiplikation				
Malaufgaben in der Schule	27	58/59	26	26
Multiplikation – Rechenfelder/Tauschaufgaben	28	60/61	27	27
Multiplikation – Hunderterfeld	29	62/63	28	28
Verdoppeln/Einmaleins mit 2	30	64/65	29	29
Einmaleins mit 5 und 10	31	66/67	30	30
Division				
Division – Aufteilen	32	70/71	32	32
Division – Verteilen	33	72/73	33	33

		Schulbuch	Förderheft Einstiege	Förderheft Aufstiege
Multiplikation und Division				
Einmaleins mit 4/ Einmaleins mit 8	34	74/75	34	34
Einmaleins mit 2, 4, 8	35	76/77	35	35
Einmaleins mit 3/ Einmaleins mit 6	36	80/81	37	37
Einmaleins mit 3, 6, 9	37	82/83	38	38
Einmaleins mit 7	38	84/85	39	39
Entdeckungen an der Einmaleinstafel	39	86/87	40	40
Division mit Rest	40	88/89	41	41
Übungen und Anwendungen	41	90/91	42	42
Geometrie Teil 2				
Symmetrische Figuren	42	94/95	44	44
Symmetrische Figuren legen und zeichnen	43	96/97	45	45
Symmetrie am Geobrett	44	98/99	46	46
Addition und Subtraktion Teil 2				
Addieren – Schnelles Rechnen	45	100/101	47	47
Subtrahieren – Schnelles Rechnen	46	102/103	48	48
Addieren und Subtrahieren üben	47	104/105	49	4
Zahlenforscher – plus und minus	48	106/107	50	5
Größen Teil 2 – Zeit				
Uhrzeit – Die Stunde / Die Minute	49	110/111	52	5
Zeitpunkt und Zeitspanne	50/51	112/113	53	5
Unser Kalender – Woche, Monat, Jahr	52	114/115	54	5
Sachrechnen				
Sachrechnen – Im Freibad	53	116/117	55	5
Projekt: Haustiere	54	118/119	56	5
Daten sammeln und Wahrscheinlichkeit				
Daten sammeln und darstellen	55	120/121	57	5
Viele Möglichkeiten/ Wahrscheinlichkeiten	56	122/123	58	5
Geometrie Teil 3				
Würfelgebäude	57	124/125	59	5
Ansichten von Würfelgebäuden	58	126/127	60	6
Geometrie und Kunst	59	128/129	61	6
Aufgaben für Super-M-Fans	60	132/133	63	6
Regeln – Muster – Zahlen	61	132/133	63	6
Grundwissen	62/63	134/135	64	6

1 Zuerst bis zur 10

	7	+	8	=	1	5
	7	+	3	=	1	0
1	0	+	5	=	1	5

	9	+	6	=		
		+		=		
		+		=		

	5	+	7	=		
		+		=		
		+		=		

2 Zuerst bis zur 10

1	5	−	7	=		
1	5	−	5	=		
1	0	−	2	=		

1	4	−	8	=		
		−		=		
		−		=		

1	6	−	9	=		
		−		=		
		−		=		

3 Rechne.

	1	+	3	=		
1	1	+	3	=		

	6	−	2	=		
1	6	−	2	=		

	9	−	4	=		
1	9	−	4	=		

	2	+	6	=		
1	2	+	6	=		

	8	−	7	=		
1	8	−	7	=		

	7	−	5	=		
1	7	−	5	=		

4 Ergänze.

	4	+		=		8
1	4	+		=	1	8

	8	−		=		2
1	8	−		=	1	2

1	1	+		=	1	9
1	2	+		=	1	9
1	3	+		=	1	9
1	4	+		=	1	9
1	5	+		=	1	9

1	9	−		=	1	3
1	8	−		=	1	3
1	7	−		=	1	3
1	6	−		=	1	3
1	5	−		=	1	3

5 Rechne geschickt.

2	+	5	+	8	=		
7	+	2	+	3	=		
4	+	6	+	4	=		
8	+	3	+	2	=		
5	+	7	+	3	=		

1	2	−	5	−	2	=	
1	8	−	2	−	8	=	
1	5	−	3	−	5	=	
1	7	−	4	−	7	=	
1	3	−	5	−	3	=	

Addieren/Subtrahieren

① Setze fort.

1, 4, 7, ____, ____, ____, ____, ____, 25

20, 18, 16, ____, ____, ____, ____, ____, 4

90, 80, 70, ____, ____, ____, ____, ____, 10

② Ergänze die Minihäuser.

Dach	links	rechts
	3	15
	11	7
12	9	
15		7
16		8
20		8

③ Trage die fehlenden Zahlen ein.

a)

5	3	2

b)

5	6	2

c)

	8	
9	3	

d)

9		
	5	2

e)

18		
10		
4		

f)

20		
	9	
		2

④ Super-Päckchen. Rechne.

a)

1	1	+	3	=		
1	2	+	4	=		
1	3	+		=		
		+		=		

b)

1	0	+	4	=		
1	1	+	5	=		
1	2	+		=		
		+		=		

c)

1	9	–	4	=		
1	8	–	4	=		
1	7	–		=		
		–		=		

d)

1	5	–	4	=		
1	6	–	3	=		
1	7	–		=		
		–		=		

⑤ Rechne.

a)

+	4	3	9	11
7				

b)

–	1	6	8	10
16				

Ⓒ

–	3	7		
13			8	3

Das will ich wissen: Wie viel kostet das zusammen?

① 

② 

Das will ich wissen: Wie viel Geld bekommt das Kind zurück?

③ 

④ 

Bündeln

① Wie viele? Schreibe in der Stellentafel.

Z	E
2	9

Z	E

Z	E

Z	E

② Wie viele? Schreibe als Plusaufgabe.

3 0 + 7

_ _ + _

_ _ + _

_ _ + _

③

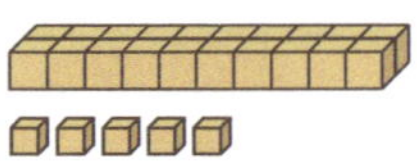

Z	E
2	5

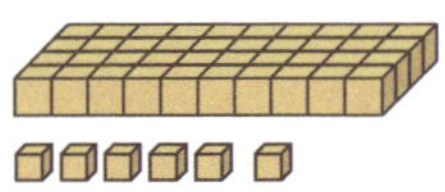

Z	E

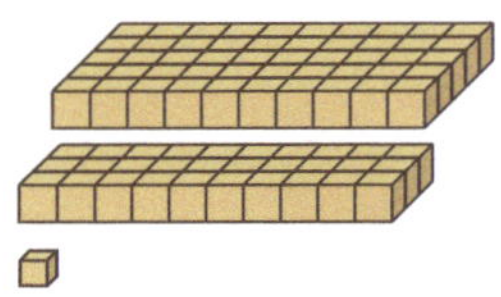

Z	E

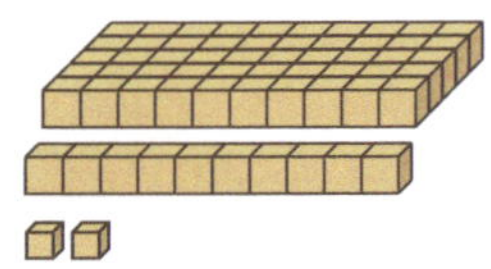

Z	E

④ Wie viele?

Z	E
3	6

Z	E

Z	E

Z	E

Z	E

Z	E

Z	E

⑤ Zeichne die Zahlbilder.

Z	E
2	5

Z	E
5	2

Z	E
6	4

Z	E
3	3

① Wie viele Zehner?

a) 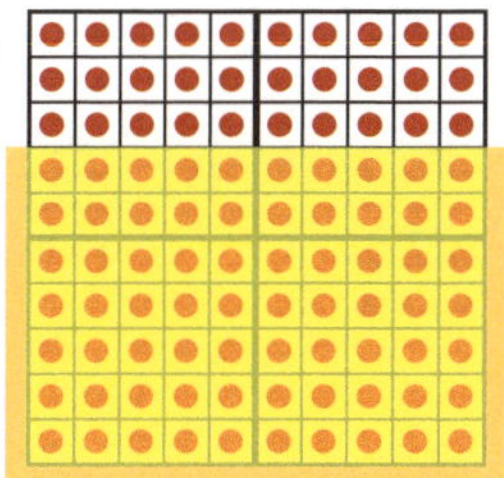

Z	E

b) 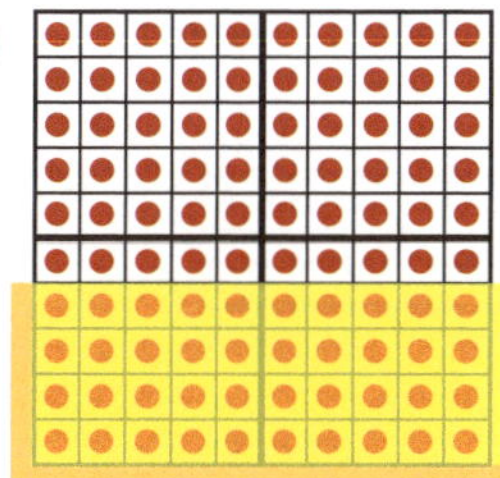

Z	E

c) 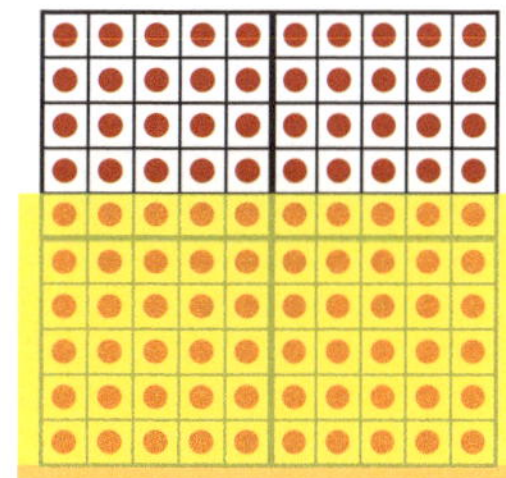

Z	E

d) 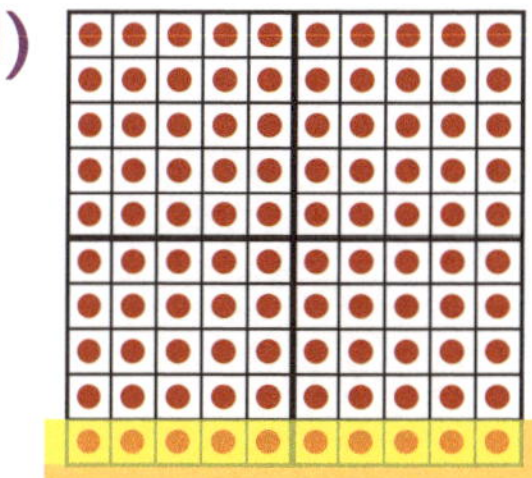

Z	E

② Wie viele Zehner? Wie viele Einer?

a) 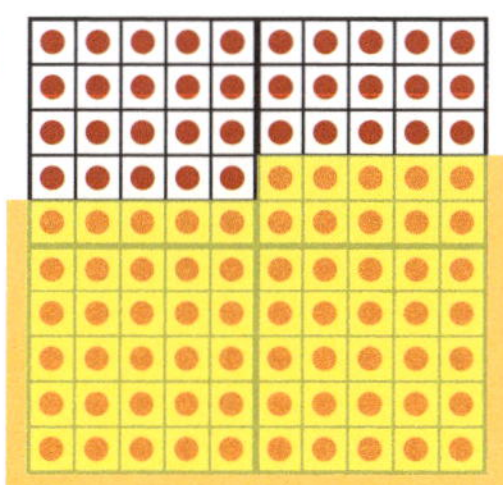

Z	E

b) 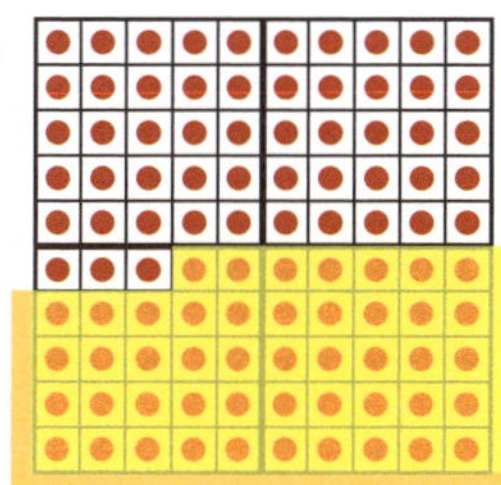

Z	E

c) 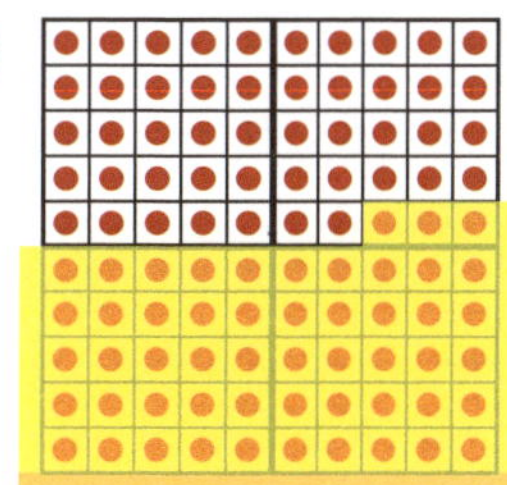

Z	E

d) 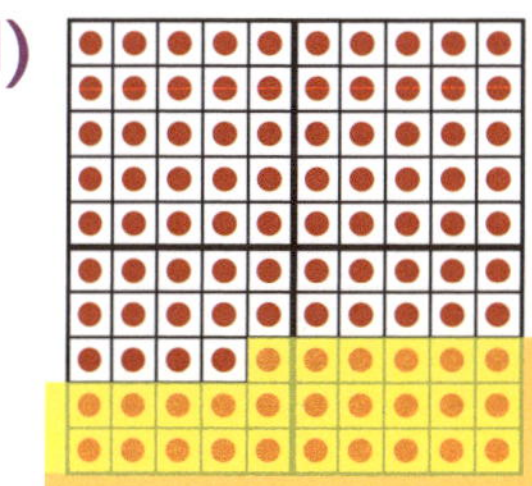

Z	E

③ Wie viele Zehner? Wie viele Einer?
Schreibe die passende Aufgabe.

a) 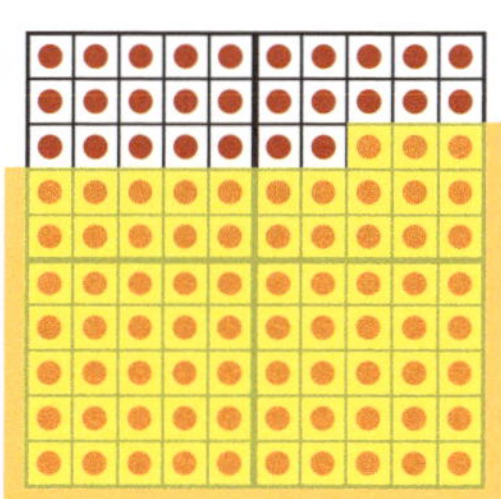

		+	

b) 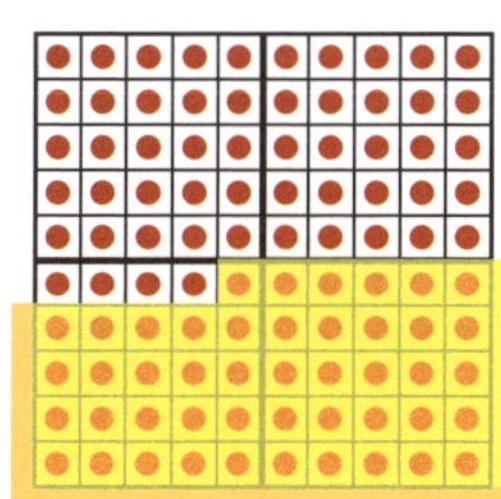

		+	

c) 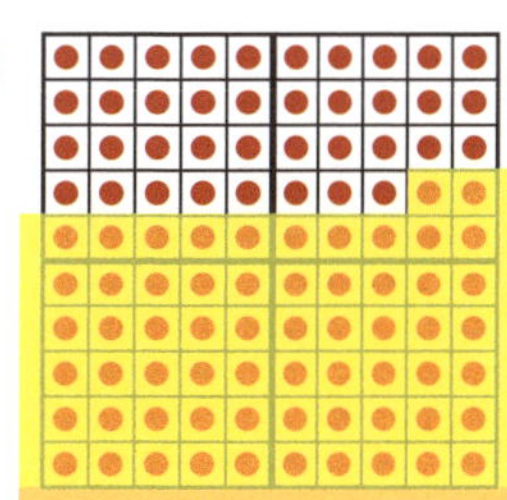

		+	

d) 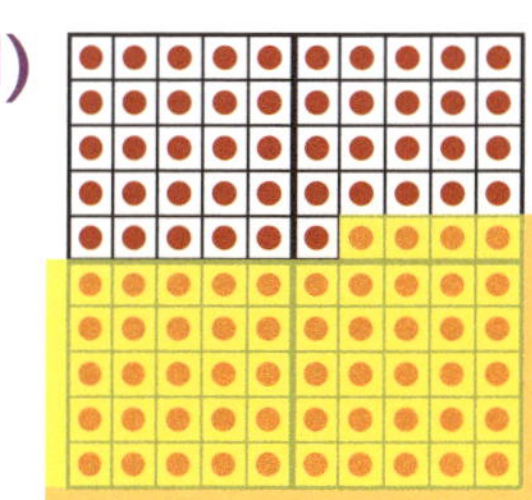

		+	

④ Verbinde.

40 20 80 90 60 50 70

zwanzig vierzig sechzig fünfzig achtzig neunzig siebzig

① Lege und schreibe.

a) 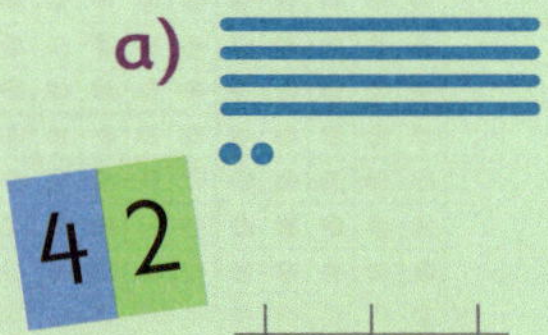

4	2

b) 

c) 

d) 

e) 

f) 

g) 

h) 

i) 

j) 

② Finde eigene Aufgaben. Zeichne und schreibe wie im Beispiel.

4 0 + 7 = 4 7

_ _ + _ = _ _

③ Schreibe als Summe aus Zehnerzahlen und Einern.

6	1	=		+	
7	8	=		+	
3	3	=		+	
9	7	=		+	

7	4	=		+	
5	3	=		+	
9	2	=		+	
4	5	=		+	

2	1	=		+	
8	4	=		+	
4	2	=		+	
6	3	=		+	

① Male an.

- (blau) Alle Zahlen mit 2 Einern
- (orange) Alle Zahlen mit 6 Einern

1	2	3	4	5	6	7	8	9	10
11	12	13	14	15	16	17	18	19	20
21	22	23	24	25	26	27	28	29	30
31	32	33	34	35	36	37	38	39	40
41	42	43	44	45	46	47	48	49	50
51	52	53	54	55	56	57	58	59	60
61	62	63	64	65	66	67	68	69	70
71	72	73	74	75	76	77	78	79	80
81	82	83	84	85	86	87	88	89	90
91	92	93	94	95	96	97	98	99	100

- (gelb) Alle Zahlen mit 7 Zehnern
- (grün) Alle Zahlen mit 3 Zehnern

1	2	3	4	5	6	7	8	9	10
11	12	13	14	15	16	17	18	19	20
21	22	23	24	25	26	27	28	29	30
31	32	33	34	35	36	37	38	39	40
41	42	43	44	45	46	47	48	49	50
51	52	53	54	55	56	57	58	59	60
61	62	63	64	65	66	67	68	69	70
71	72	73	74	75	76	77	78	79	80
81	82	83	84	85	86	87	88	89	90
91	92	93	94	95	96	97	98	99	100

② Welche Zahlen haben sich versteckt?

1		3	▲	5		7		●	10
					✶		18		
	✿								
31						♥			✦
		■		45					
○					56		◔		
				✖	⬆				
	▭		74			⅄	78		
☾		83			✚			89	
91		93							◆

▲ ____ ● ____ ✶ ____ ✿ ____

♥ ____ ✦ ____ ■ ____ ○ ____

◔ ____ ✖ ____ ⬆ ____ ▭ ____

⅄ ____ ☾ ____ ✚ ____ ◆ ____

③ Fülle die Felder vollständig aus.

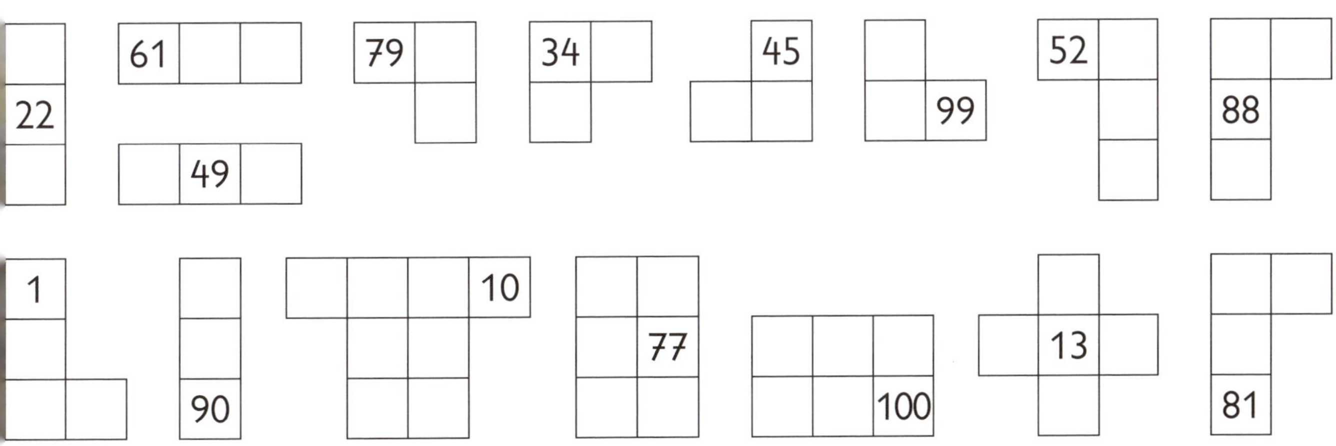

① Welche Zahlen gehören zu den Buchstaben?

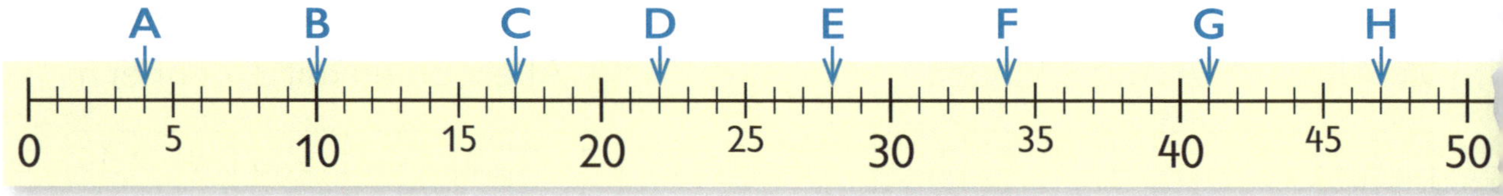

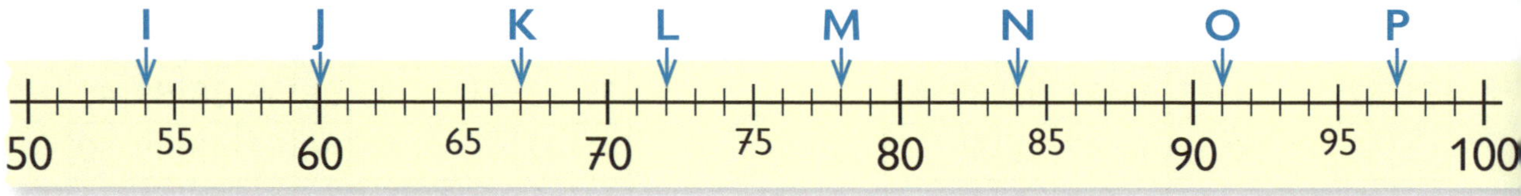

A ____ B ____ C ____ D ____ E ____ F ____ G ____ H ____

I ____ J ____ K ____ L ____ M ____ N ____ O ____ P ____

② **a)** Finde Vorgänger (V) und Nachfolger (N).

V	Zahl	N
62	63	64
	89	
	76	
	54	

V	Zahl	N
	15	
		66
43		
	57	

b) Finde die Nachbarzehner (NZ).

NZ	Zahl	NZ
20	22	30
	14	
	67	
	53	

NZ	Zahl	NZ
	64	
	96	
	75	
	37	

③ Ordne der Größe nach.

a) von klein nach groß

37 25 72 75
68 46 86 ~~19~~

19, ____, ____, ____, ____, ____, ____, ____

99 65 21 13
82 39 57 89

____, ____, ____, ____, ____, ____, ____, ____

b) von groß nach klein

14 41 29 39
92 93 ~~100~~ 11

100, ____, ____, ____, ____, ____, ____, ____

89 61 15 51
16 98 88 68

____, ____, ____, ____, ____, ____, ____, ____

SB▸18/19 E▸9 A▸9

① a) Vertausche bei den blau markierten Zahlen die Ziffern.
Male die neuen Zahlen rot an.

31 → 13

1	2	3	4	5	6	7	8	9	10
11	12	13	14	15	16	17	18	19	20
21	22	23	24	25	26	27	28	29	30
31	32	33	34	35	36	37	38	39	40
41	42	43	44	45	46	47	48	49	50
51	52	53	54	55	56	57	58	59	60
61	62	63	64	65	66	67	68	69	70
71	72	73	74	75	76	77	78	79	80
81	82	83	84	85	86	87	88	89	90
91	92	93	94	95	96	97	98	99	100

ⓑ Was fällt dir auf? Beschreibe.

____

____

____

c) Gilt das auch für 26, 37, 48, wenn man ihre Ziffern vertauscht?

____

② Ergänze die Zahlenfolgen. Gib jeweils die Regel an.

	Regel		Regel
a) 27, 28, 29, ___, ___, ___	+ 1	b) 80, 77, 74, ___, ___, ___	
c) 83, 86, 89, ___, ___, ___		d) 53, 52, 51, ___, ___, ___	
e) 36, 41, 46, ___, ___, ___		f) 72, 66, 60, ___, ___, ___	

③ Immer 5 mehr. Male und schreibe.

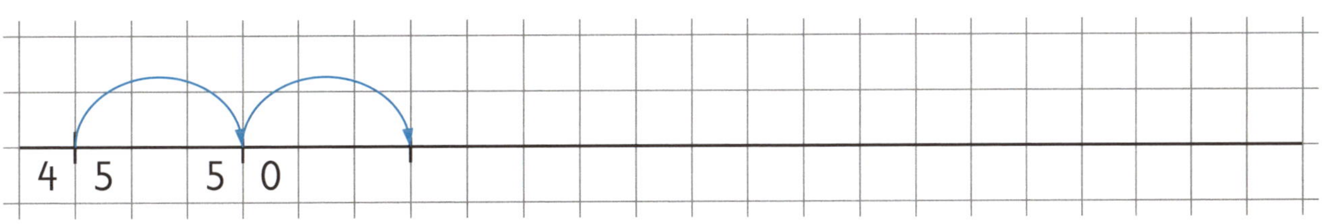

④ Immer 5 weniger. Male und schreibe.

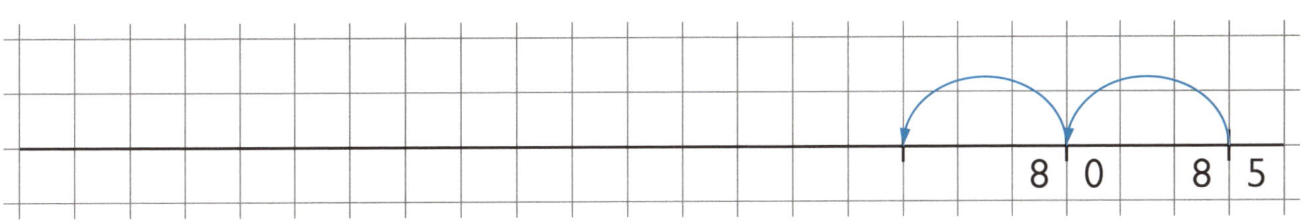

Geometrische Grundformen

① Schreibe auf, welche Grundformen nicht benutzt wurden.

② Lege und male.

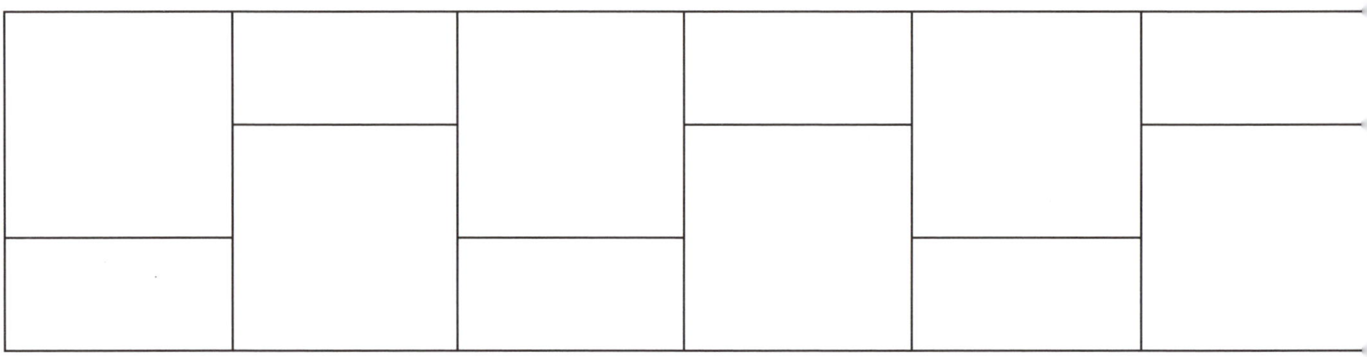

③ Lege nach, lege weiter und male.

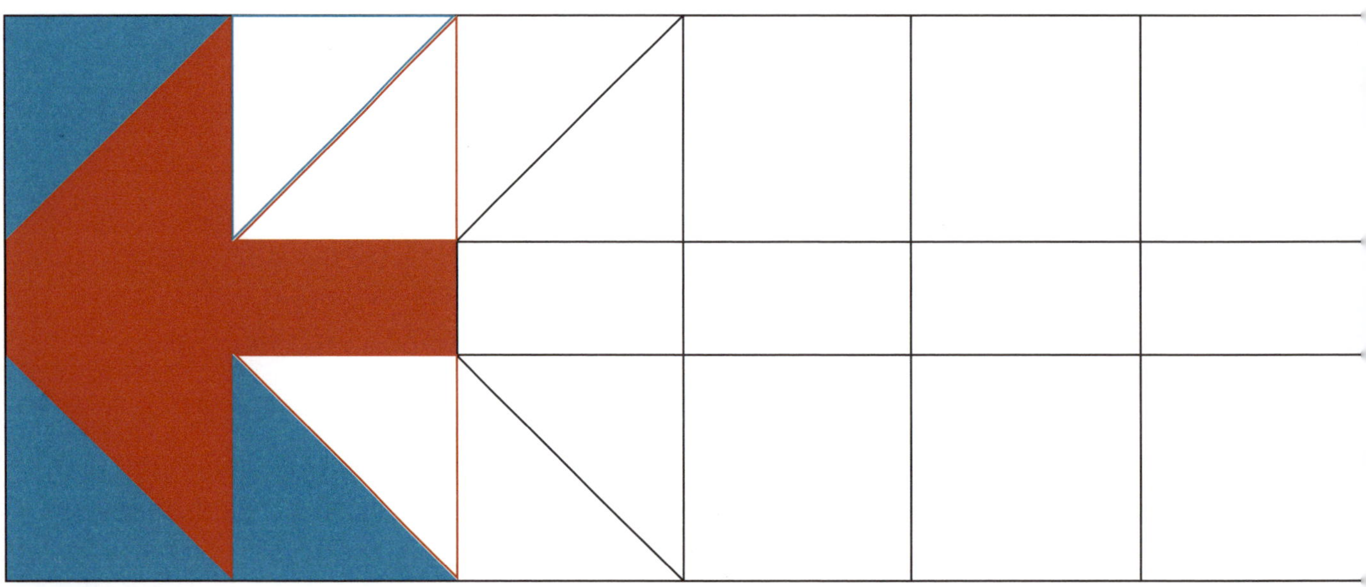

① Verbinde und beschreibe.

Der Schuhkarton		einer Kugel.
Die Wassermelone		eines Quaders.
Der Spielwürfel	hat fast die Form	eines Zylinders.
Die Milchpackung		eines Würfels.
Die Konservendose		

② 24 Steckwürfel. Wie viele verschiedene Quader kannst du bauen? Kreuze an.

- 5
- 6
- 7

Geobrett

① Zeichne Quadrate:

a) ein möglichst kleines Quadrat,
b) das größtmögliche Quadrat,
ⓒ Ecken und Seiten berühren 8 Punkte,
ⓓ nur die Ecken berühren Punkte.

a) 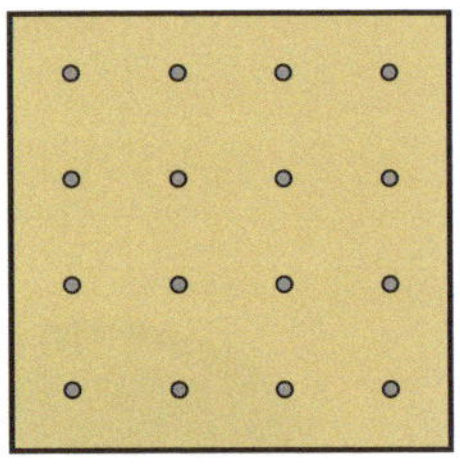
b) 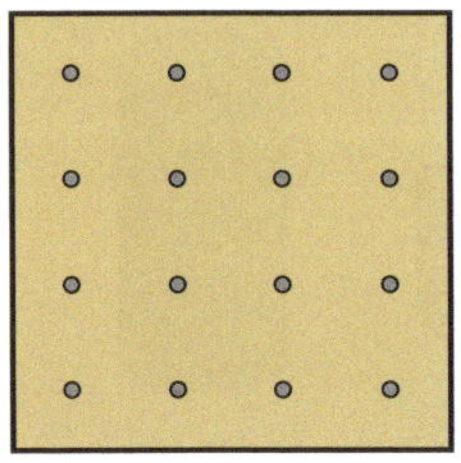
c) 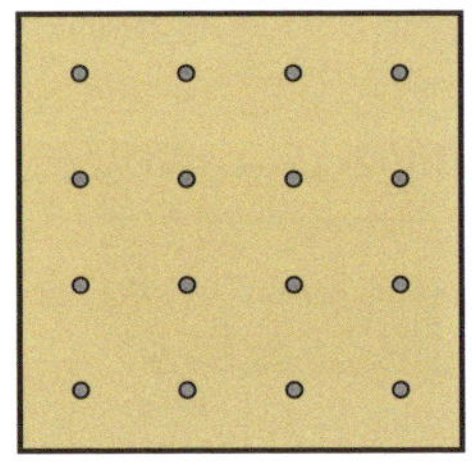
d) 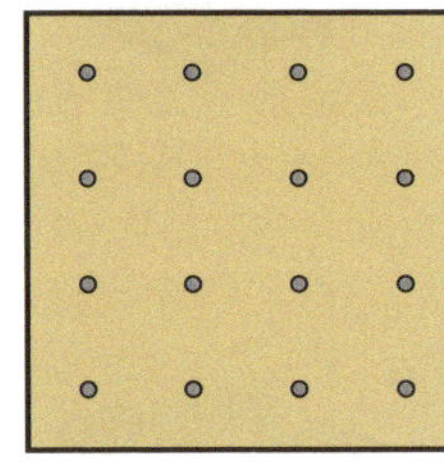

② Spanne diese Figuren nach.
Welche geometrischen Figuren sind neu entstanden?

a) 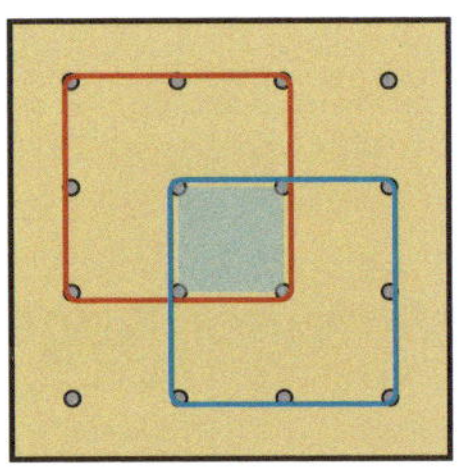
____

b) 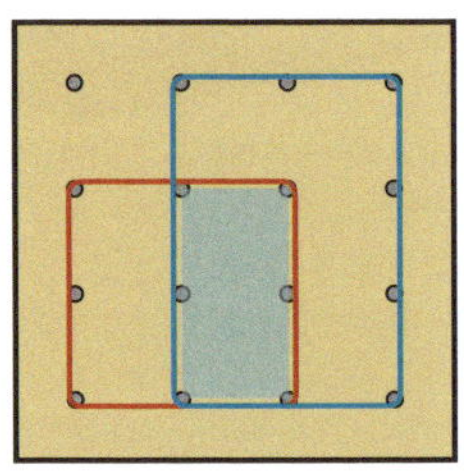
____

c) 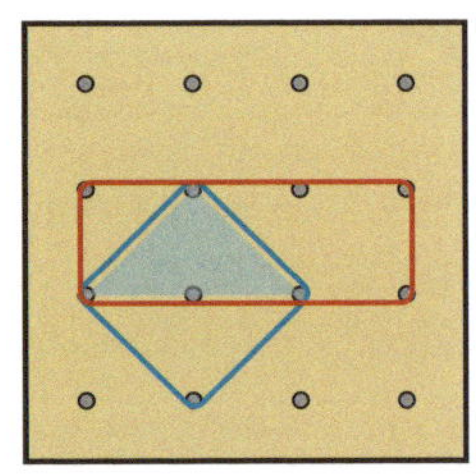
____

d) 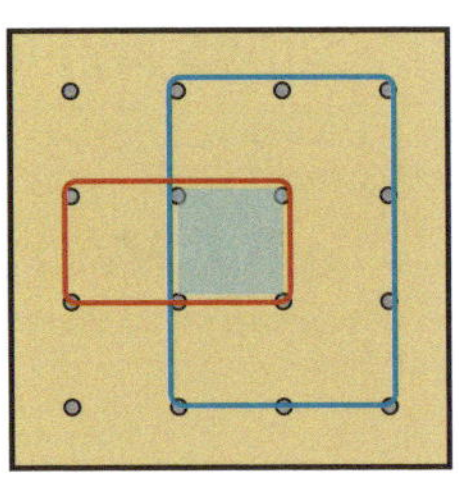
____

e) 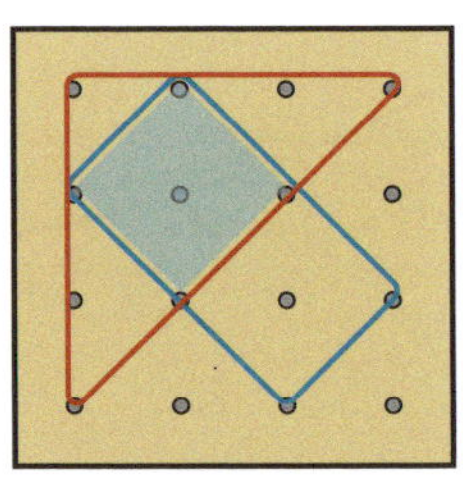
____

f) 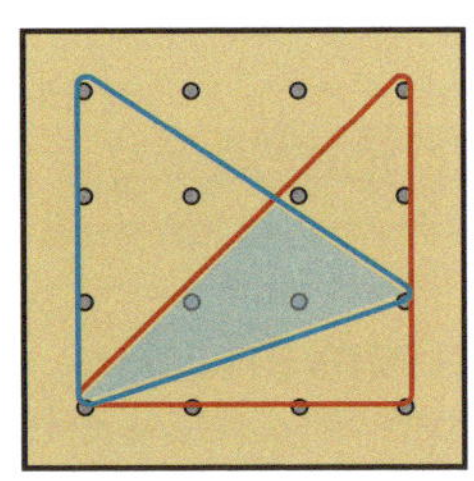
____

③ Spanne die Figur und verändere sie zu einem Viereck.
Finde viele verschiedene Möglichkeiten. Zeichne.

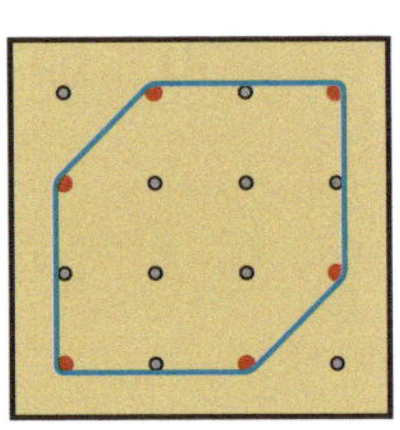
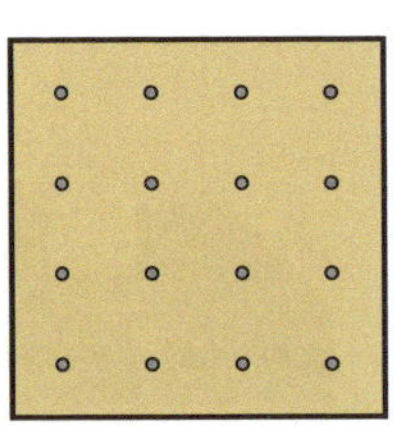
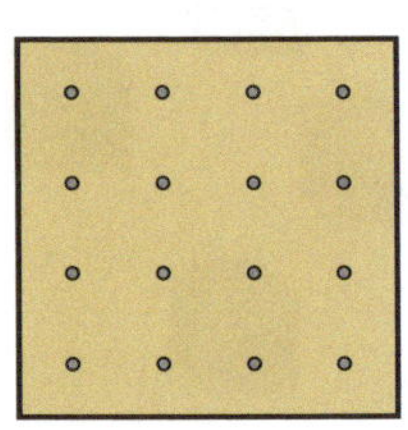
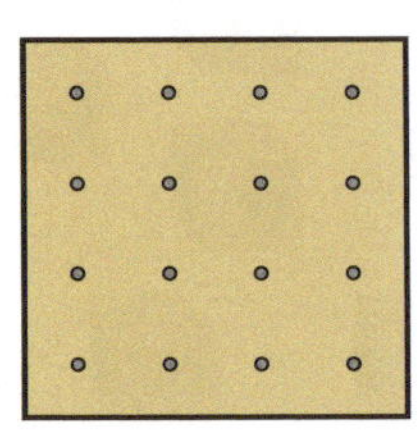
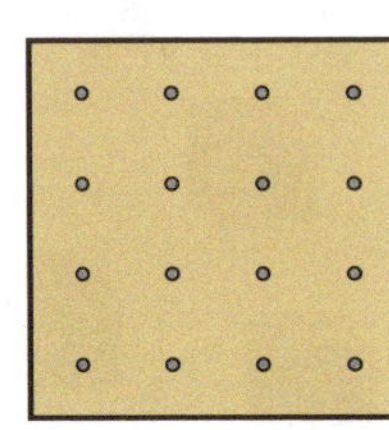

① Schreibe und rechne.

a)

		+			=		

b)

		+			=		

c)

		+			=		

d)

		+			=		

② Rechne.

35 + 20 =	88 + 10 =	32 + 30 =
45 + 20 =	28 + 40 =	36 + 50 =
55 + 20 =	78 + 20 =	35 + 20 =
65 + 20 =	58 + 30 =	38 + 40 =
75 + 20 =	48 + 30 =	33 + 60 =

30 + 14 =	50 + 36 =	40 + 32 =
30 + 24 =	50 + 34 =	40 + 56 =
30 + 34 =	50 + 37 =	40 + 27 =
30 + 44 =	50 + 32 =	40 + 48 =
30 + 54 =	50 + 35 =	40 + 59 =

③ Ergänze.

26 + ___ = 56	30 + ___ = 62	___ + 40 = 56
51 + ___ = 91	40 + ___ = 52	___ + 20 = 61
33 + ___ = 83	50 + ___ = 72	___ + 70 = 97
48 + ___ = 68	60 + ___ = 92	___ + 30 = 75
64 + ___ = 74	70 + ___ = 82	___ + 60 = 89

Addieren mit Einerzahlen

① Rechne.

a) 

___ + ___ = ___

b) 

___ + ___ = ___

c) 

___ + ___ = ___

d) 

___ + ___ = ___

e) 

___ + ___ = ___

f) 

___ + ___ = ___

② Zeichne und rechne. Fasse 10 Einer zu einem Zehner zusammen.

28 + 6 = ___

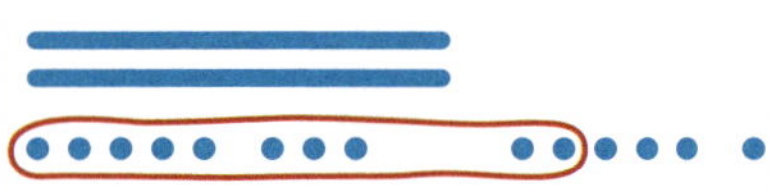

35 + 7 = ___

48 + 5 = ___

39 + 8 = ___

57 + 6 = ___

64 + 9 = ___

③ Rechne.

27 + 4 = ___
37 + 4 = ___
47 + 4 = ___
57 + 4 = ___

58 + 3 = ___
57 + 4 = ___
56 + 5 = ___
55 + 6 = ___

④ Ergänze.

___ + 5 = 74
___ + 6 = 64
___ + 7 = 54
___ + 8 = 44

SB►32/33 E►15 A►15

① Schreibe und rechne.

a)

		+			=		

b)

		+			=		

② Zeichne und rechne.

a)

5	6	+	1	6	=		

b)

2	4	+	4	8	=		

c)

4	7	+	2	4	=		

d)

6	8	+	2	5	=		

③ Schreibe die Aufgaben und die Rechenschritte.

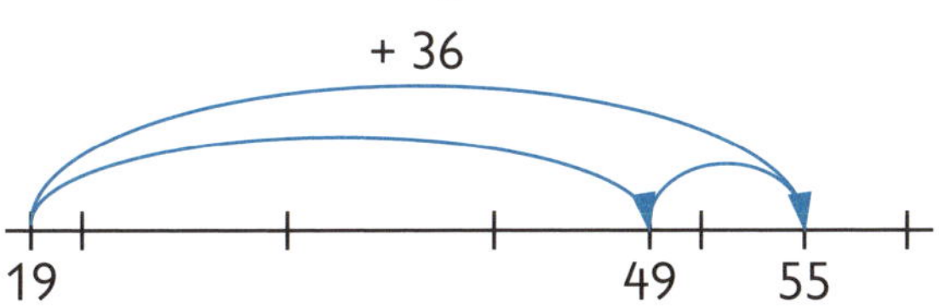

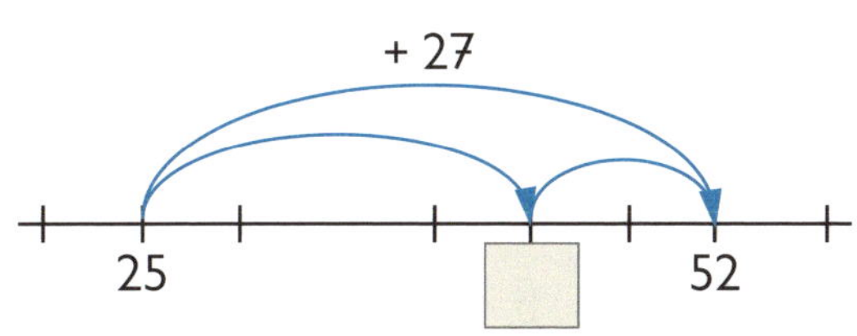

a)

		+			=		
		+			=		
		+			=		

b)

		+			=		
		+			=		
		+			=		

④ Vervollständige den Rechenstrich. Schreibe die Aufgabe.

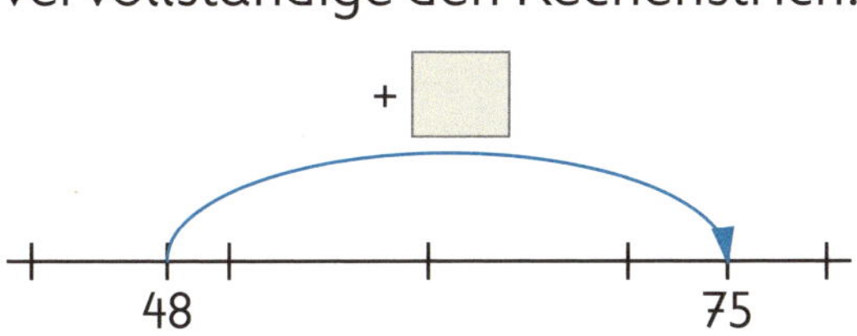

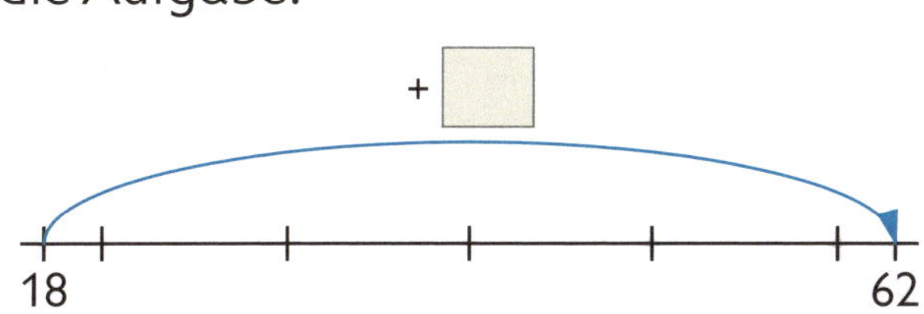

a)

		+			=		

b)

		+			=		

Subtrahieren von Zehnerzahlen

① Zeichne und rechne.

a) 36 − 20 = ___

b) 54 − 30 = ___

c) 62 − 50 = ___

d) 59 − 40 = ___

② Rechne.

a)

54 − 30 =	
54 − 20 =	
54 − 40 =	
54 − 10 =	

b)

82 − 30 =	
62 − 30 =	
42 − 30 =	
72 − 30 =	

c)

37 − 20 =	
71 − 40 =	
85 − 30 =	
64 − 50 =	

d)

86 − 10 =	
69 − 40 =	
73 − 50 =	
98 − 70 =	

③ Ergänze.

a)

64	−		=	34
46	−		=	16
79	−		=	29
32	−		=	12
53	−		=	43
85	−		=	35
97	−		=	27

b)

	−	10	=	25
	−	30	=	16
	−	20	=	38
	−	50	=	24
	−	80	=	19
	−	40	=	21
	−	70	=	7

① Zeichne und rechne.

36 − 3 =	57 − 4 =	46 − 5 =

② Rechne.

a)	b)	c)
26 − 3 =	45 − 5 =	20 − 2 =
46 − 4 =	72 − 2 =	50 − 4 =
56 − 2 =	69 − 9 =	40 − 6 =
86 − 5 =	83 − 3 =	60 − 5 =

d)	e)	f)
12 − 5 =	51 − 6 =	43 − 6 =
32 − 5 =	54 − 6 =	22 − 7 =
52 − 5 =	52 − 6 =	54 − 5 =
82 − 5 =	55 − 6 =	75 − 8 =

③ Ergänze.

a)	b)	c)
42 − ___ = 38	24 − ___ = 18	32 − ___ = 27
45 − ___ = 38	52 − ___ = 46	55 − ___ = 49
41 − ___ = 38	86 − ___ = 79	92 − ___ = 88
44 − ___ = 38	73 − ___ = 64	71 − ___ = 65
47 − ___ = 38	91 − ___ = 83	62 − ___ = 53

Subtrahieren

① Rechne.

a)

4	5	−	2	3	=	
4	5	−	2	0	=	
4	5	−	2	5	=	
4	5	−	2	4	=	

b)

6	7	−	1	2	=	
6	7	−	2	4	=	
6	7	−	4	3	=	
8	5	−	3	5	=	

c)

5	6	−	3	1	=	
5	6	−	3	4	=	
5	6	−	3	2	=	
5	6	−	3	3	=	

d)

7	8	−	1	3	=	
7	8	−	2	5	=	
7	8	−	4	6	=	
7	8	−	3	7	=	

② Schreibe deine Rechenschritte auf.

a)

4	1	−	1	4	=	
4	1	−			=	
		−			=	

b)

4	3	−	2	6	=	
4	3	−			=	
		−			=	

c)

5	4	−	3	6	=	
		−			=	
		−			=	

d)

7	5	−	4	8	=	
		−			=	
		−			=	

③ Super-Päckchen

a)

5	3	−	1	2	=	
5	3	−	1	3	=	
5	3	−	1	4	=	
5	3	−	1	5	=	
5	3	−			=	
5	3	−			=	

b)

8	2	−	2	6	=	
7	2	−	2	6	=	
6	2	−	2	6	=	
5	2	−	2	6	=	
		−			=	
		−			=	

Ⓒ

4	5	−	1	5	=	
5	5	−	1	6	=	
6	5	−	1	7	=	
7	5	−	1	8	=	
8	5	−			=	
		−			=	

SB▸40/41 E▸18 A▸18

① Aufgabe oder Tauschaufgabe? Entscheide, wie du rechnest.

1	7	+	6	1	=		
3	4	+	4	2	=		
2	3	+	5	6	=		
4	5	+	3	3	=		

4	3	+	2	8	=		
2	4	+	5	7	=		
6	2	+	1	9	=		
1	6	+	7	5	=		

② Schreibe und rechne zu jeder Aufgabe die Umkehraufgabe.

7	6	+	1	5	=		
6	7	+	2	7	=		
4	8	+	1	4	=		
5	7	+	3	8	=		

9	1	–			=		
		–			=		
		–			=		
		–			=		

③ Löse mit Hilfe der Umkehraufgabe.

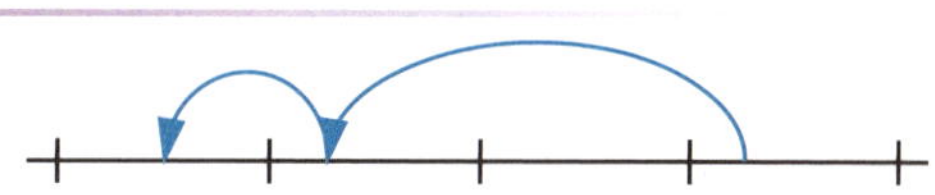

a)

		+	2	3	=	4	2
		+	3	7	=	5	3
		+	4	6	=	7	1
		+	3	5	=	8	4

b)

		–	2	8	=	5	4
		–	5	6	=	1	8
		–	4	9	=	4	6
		–	6	3	=	2	8

ⓒ

3	6	+			=	7	2
1	9	+			=	5	3
2	7	+			=	6	1
5	5	+			=	8	4

ⓓ

8	6	–			=	6	8
5	2	–			=	2	5
6	3	–			=	1	7
9	1	–			=	3	4

④ Bilde zwei Aufgabenfamilien.

46 55 39 85 ☐

		+			=		
		+			=		
		–			=		
		–			=		

		+			=		
		+			=		
		–			=		
		–			=		

Addieren und Subtrahieren üben

① Rechne.

4	5	+	3	6	=		
		+			=		
		+			=		

2	7	+	5	8	=		
		+			=		
		+			=		

7	5	–	3	8	=		
		–			=		
		–			=		

8	3	–	4	4	=		
		–			=		
		–			=		

② Ergänze.

3	6	+	5	6	=		
2	5	+			=	7	1
		+	5	3	=	8	2

6	4	–	3	5	=		
7	7	–			=	1	9
		–	4	7	=	4	8

③ Rechne und schreibe.

a) Grundreihe: 18 | 21 | 15

b) Grundreihe: 17 | 14 | 35

c) Grundreihe: 18 | 28 | 19

d) Grundreihe: 24 | 25 | 26

e) Spitze: 95; mittlere Reihe: 41 | ; Grundreihe: | 28 |

f) Spitze: 87; mittlere Reihe: 39 | ; Grundreihe: | 17 |

g) Spitze: 76; mittlere Reihe: | 47; Grundreihe: | 26 |

h) Spitze: 91; mittlere Reihe: 27 | ; Grundreihe: | 19 |

① a) Ordne die Scheine nach ihrem Wert.
b) Ordne die Münzen nach ihrem Wert.

a)	1	0	0	€	>	5	0	€	>			€	>			€	>		€
b)	2	€	>																

② Wie viel Geld ist im Portemonnaie?

____ €

____ €

____ €

③ Lege mit Rechengeld. Zeichne.

60 €	54 €	81 €	19 €

④ Lege 90 Euro. Finde verschiedene Möglichkeiten.
Zeichne.

① Kreuze die passenden Sätze an.

Das weiß ich schon:

- Das Indiaca-Tennis kostet 26 €. ○
- Das Springseil kostet 15 €. ○
- Das Diabolo kostet 25 €. ○
- Maria wünscht sich ein Fahrrad. ○

Das will ich wissen:

- Spielt Maria gerne Diabolo? ○
- Wie viel kostet der Vorschlag der Tischgruppe? ○
- Hat Maria genug Geld? ○

Indiaca-Tennis 26 €

So finde ich das heraus:

Diabolo 25 €

Das weiß ich jetzt: ______________________________
______________________________.

② 

Wurfscheiben im Set 6 €

Indiaca 10 €

Ringwurfspiel 22 €

Das will ich wissen: ______________________________
______________________________.

So finde ich das heraus:

Das weiß ich jetzt: ______________________________
______________________________.

SB▸50/51 E▸22 A▸22

① Was passt? Kreise in der richtigen Farbe ein.

größer/länger als 1 m

kleiner/kürzer als 1 m

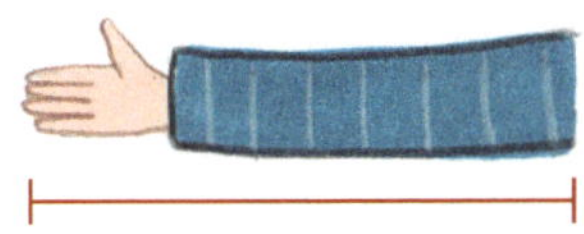
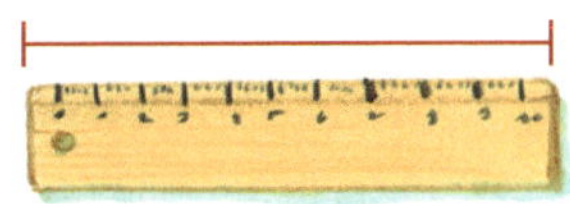
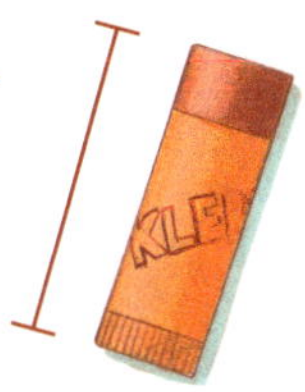

② Wie groß sind die Dinge in Wirklichkeit?
Kreuze an.

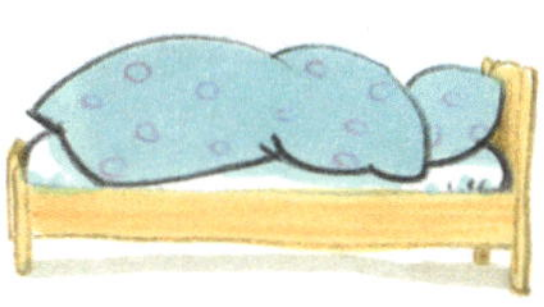

2 m 3 m 1 m

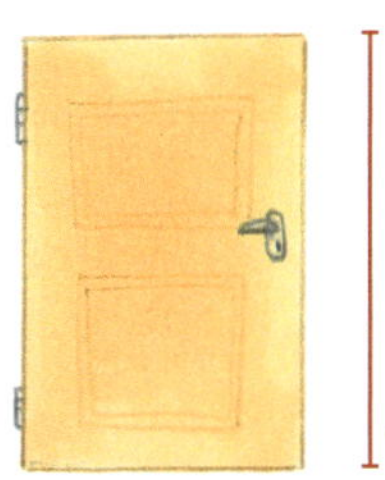

4 m 1 m 2 m

1 m 10 m 100 m

③ Trage passende Dinge ein.

kürzer als 1 m	länger als 1 m

①

Der blaue Stift ist 9 cm lang.
Der ________ Stift ist ___ cm lang.
Der ________ Stift ist ___ cm lang.
Der ________ Stift ist ___ cm lang.
Der ________ Stift ist ___ cm lang.
Der ________ Stift ist ___ cm lang.

② Miss die Längen der Strecken.

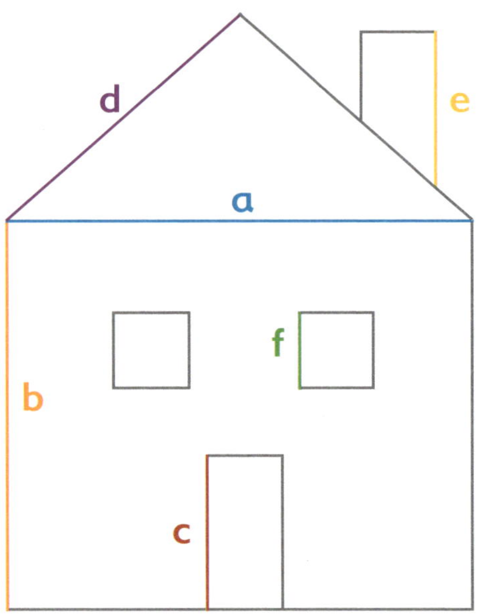

	Länge
a	6 cm
b	
c	
d	
e	
f	

③ Zeichne folgende Strecken:

a = 4 cm | b = 5 cm | c = 3 cm | d = 7 cm | e = 11 cm

a

① a)

2	+	2	=	
2	·	2	=	

b)

2	+	2	+		=	
			·	2	=	

c)

2	+		+		+		=	
					·		=	

② Schreibe immer die Plus- und die Malaufgabe.

a)

3	+		+		+		=		
					·		=		

b)

	+		+		=	
			·		=	

③ a)

b)

④ Rechne, schreibe und verbinde.

6 + 6 + 6 + 6 = ____

4 + 4 + 4 + 4 + 4 = ____

5 + 5 + 5 + 5 + 5 + 5 = ____

7 + 7 + 7 = ____

6 · 5 = ____

4 · 6 = ____

5 · ___ = ____

___ · 7 = ____

SB▶58/59 E▶26 A▶26

Multiplikation – Rechenfelder / Tauschaufgaben

① Schreibe zu jeder Verpackung die passende Malaufgabe.

__ · __ = __

__ · __ = __ __

__ · __ = __ __

② Schreibe zu jedem Punktefeld die passende Malaufgabe.

a) 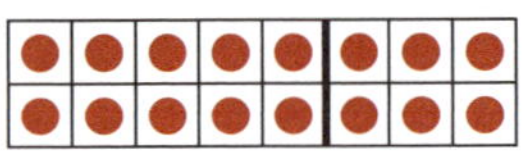

b) 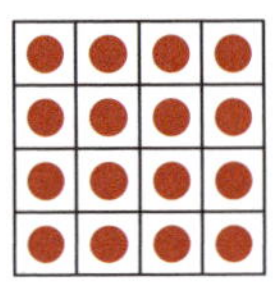

c) 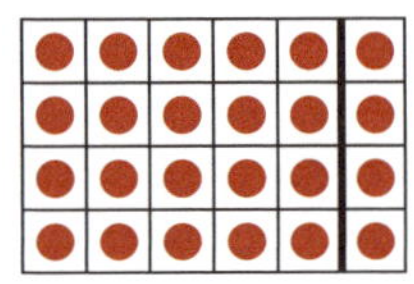

d) 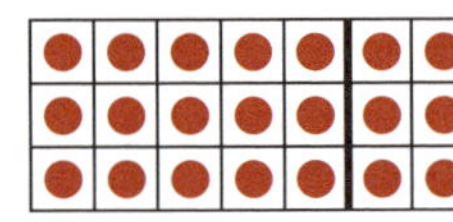

e) 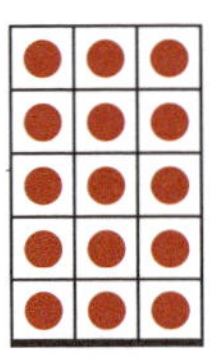

f) 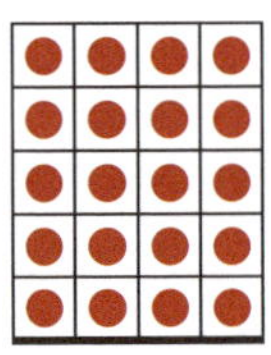

g) 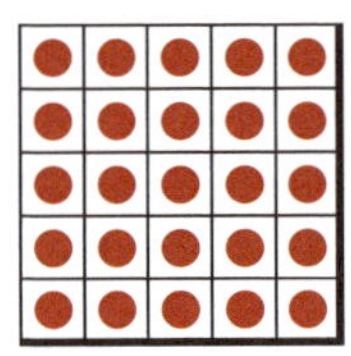

h) 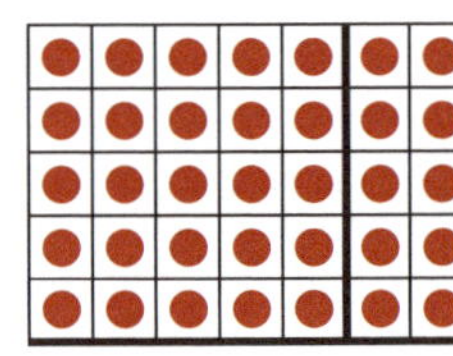

③ Schreibe und rechne jeweils Aufgabe und Tauschaufgabe.
Zeichne zu jeder Tauschaufgabe das Punktefeld.

a) 4 · 3 = __
__ · __ = __

b) 7 · 3 = __
__ · __ = __

c) 6 · 4 = __
__ · __ = __

① Schreibe und rechne die passenden Aufgaben.

a) 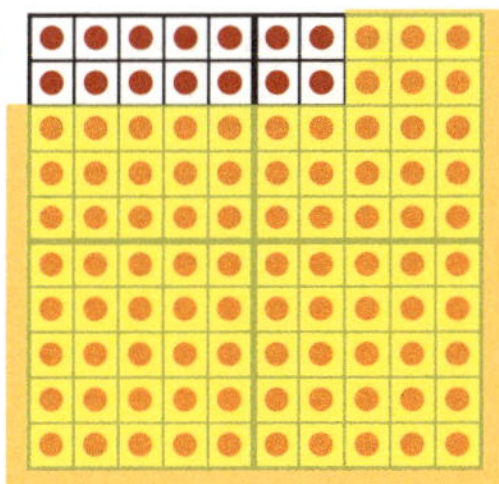

	·		=		

b) 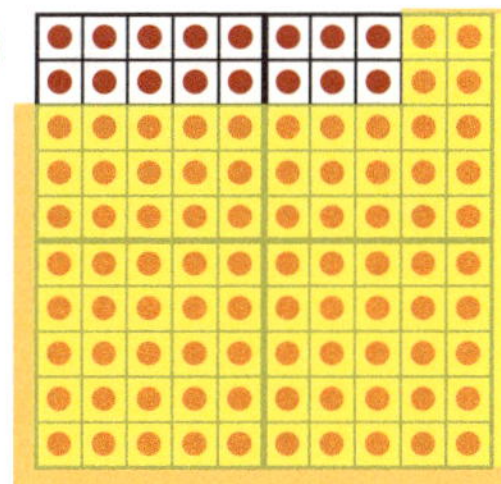

	·		=		

c) 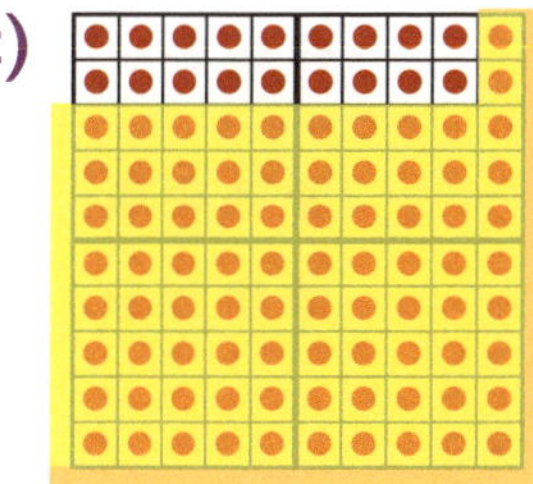

	·		=		

d) 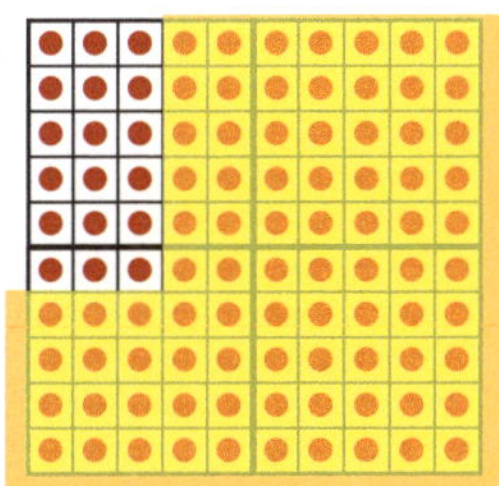

	·		=		

e) 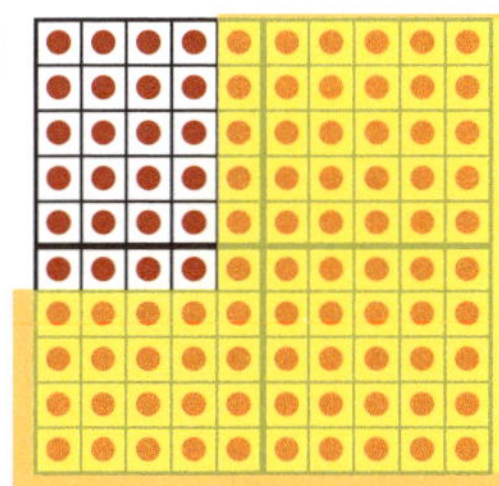

	·		=		

f) 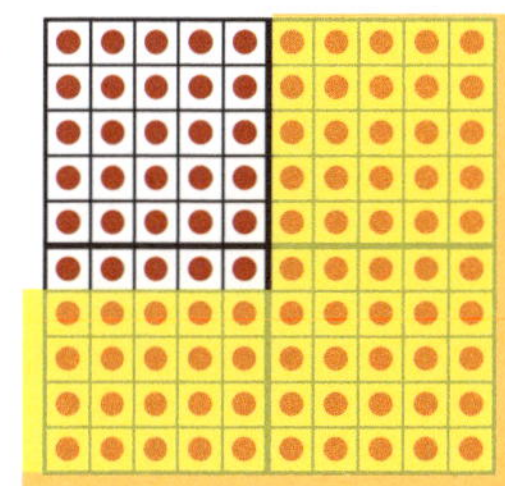

	·		=		

② Schreibe jeweils die Aufgaben als Super-Päckchen.
Ergänze drei Aufgaben.

a) 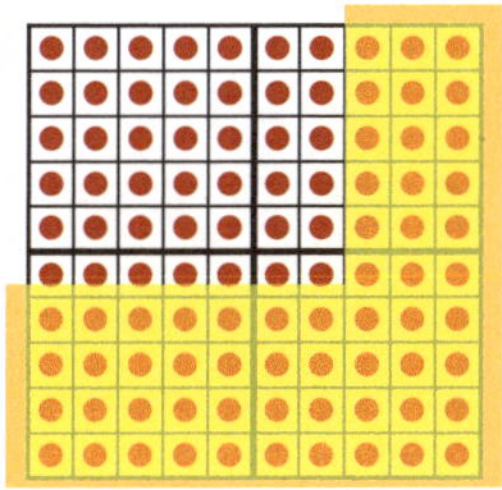 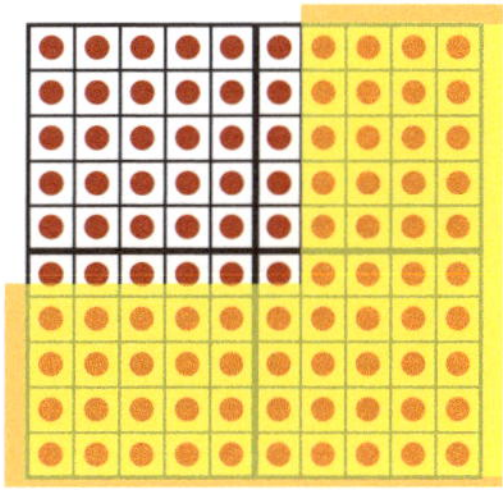 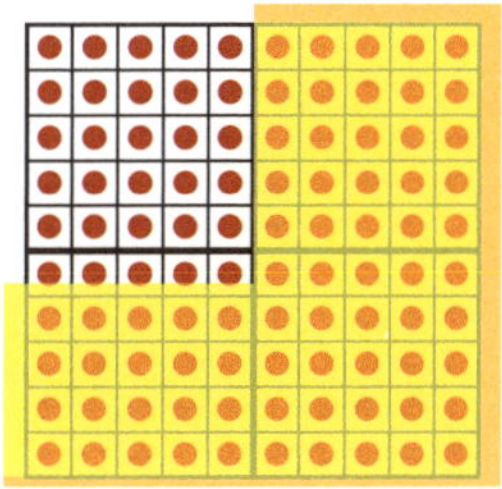

	·		=		
	·		=		
	·		=		
	·		=		
	·		=		
	·		=		

b) 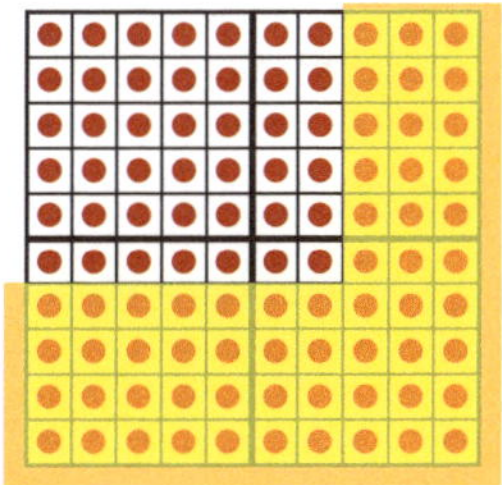 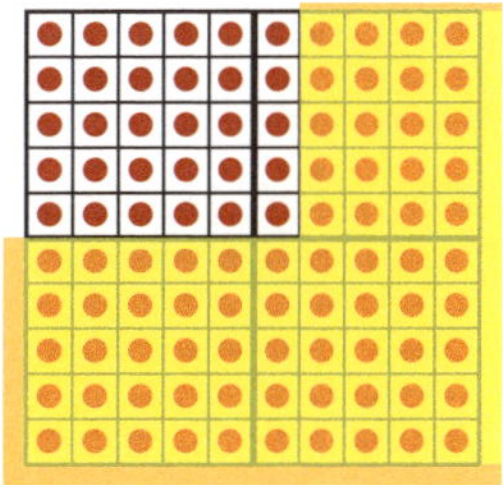 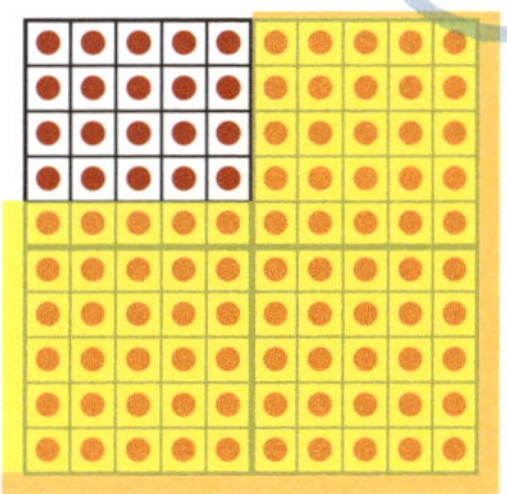

	·		=		
	·		=		
	·		=		
	·		=		
	·		=		
	·		=		

Verdoppeln / Einmaleins mit 2

① Male immer doppelt so viele. Schreibe und rechne die Malaufgabe.

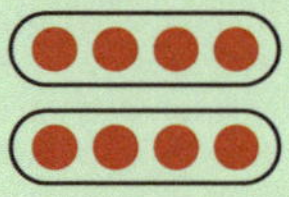

2 · 4 = 8

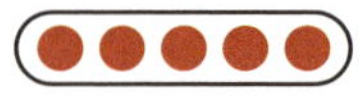

__ · __ = __

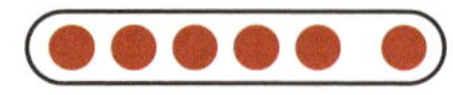

__ · __ = __

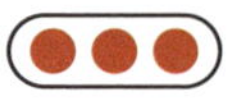

__ · __ = __

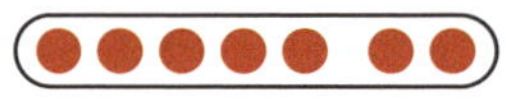

__ · __ = __

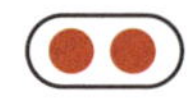

__ · __ = __

② Rechne.

2	·	3	=	
4	·	3	=	

2	·	7	=	
4	·	7	=	

2	·	9	=	
4	·	9	=	

③ Wie viele Paare? Wie viele Schuhe?

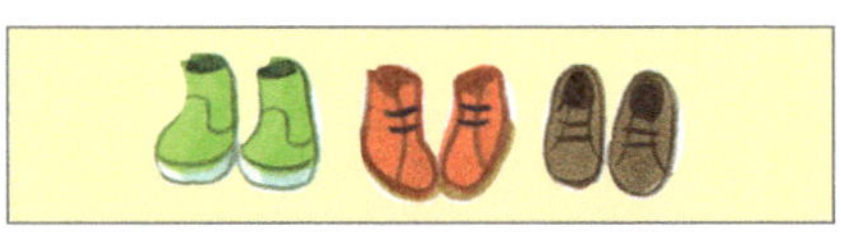

__ · 2 = __

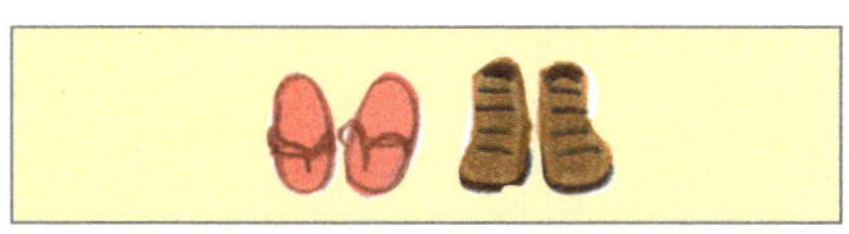

__ · __ = __

__ · __ = __

__ · __ = __

__ · __ = __

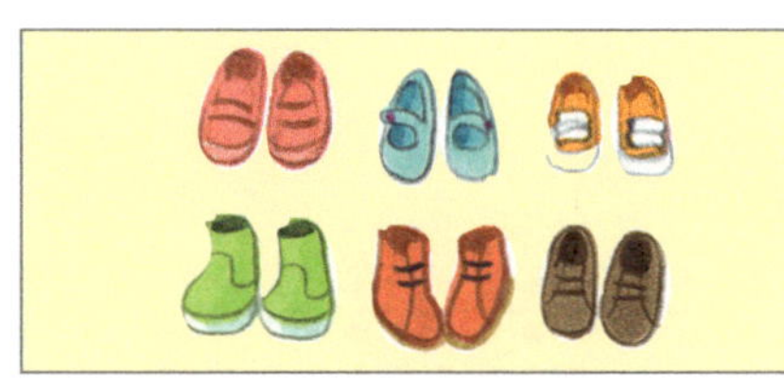

__ · __ = __

④

2	·	4	=	
5	·	2	=	
8	·	2	=	

6	·	2	=	
2	·	0	=	
2	·	1	=	

	·	2	=	0
	·	2	=	6
	·	2	=	20

① Wie viele Hände? Wie viele Finger?

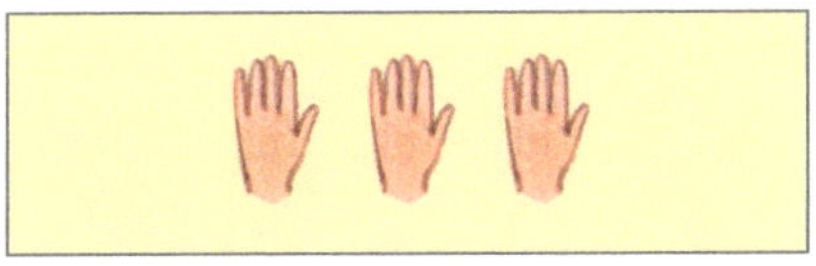

3 · 5 = ___

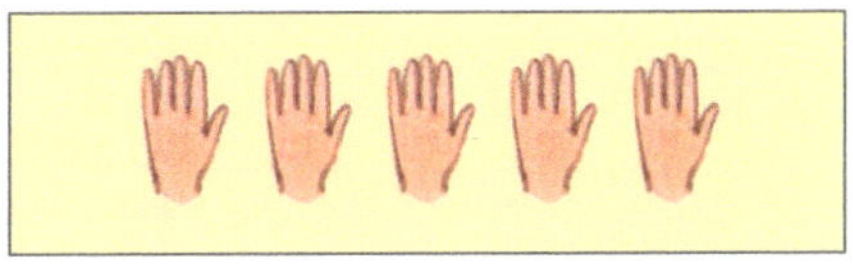

___ · ___ = ___

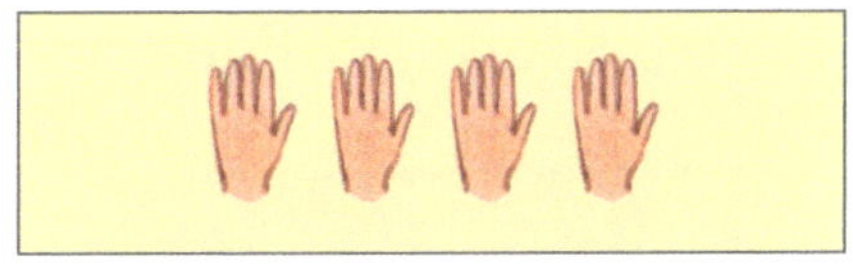

___ · ___ = ___

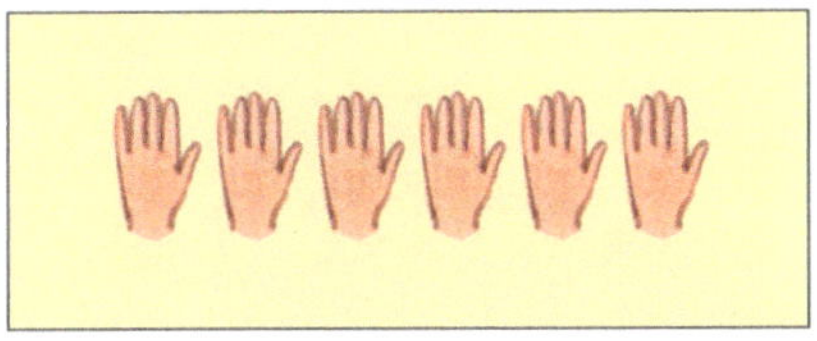

___ · ___ = ___

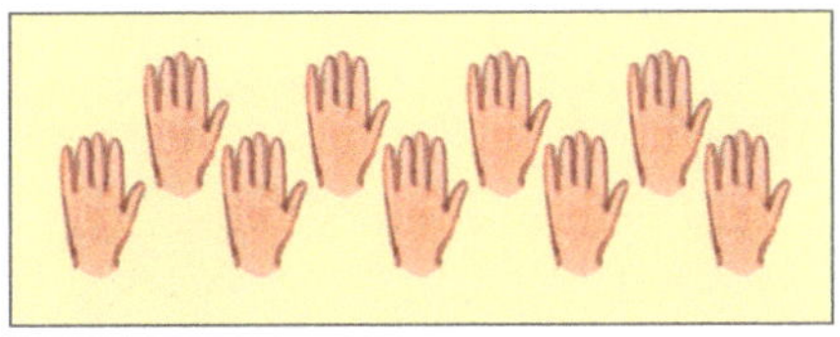

___ · ___ = ___

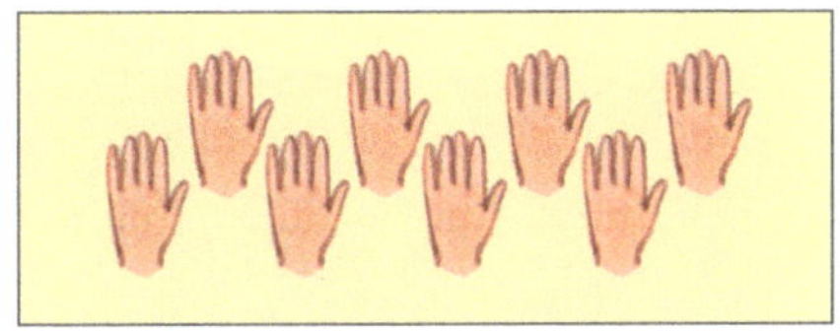

___ · ___ = ___

②

1 · 5 = ___
2 · 5 = ___
3 · 5 = ___

2 · 5 = ___
4 · 5 = ___
8 · 5 = ___

5 · 5 = ___
10 · 5 = ___
9 · 5 = ___

③ Wie viele Kinder? Wie viele Finger?

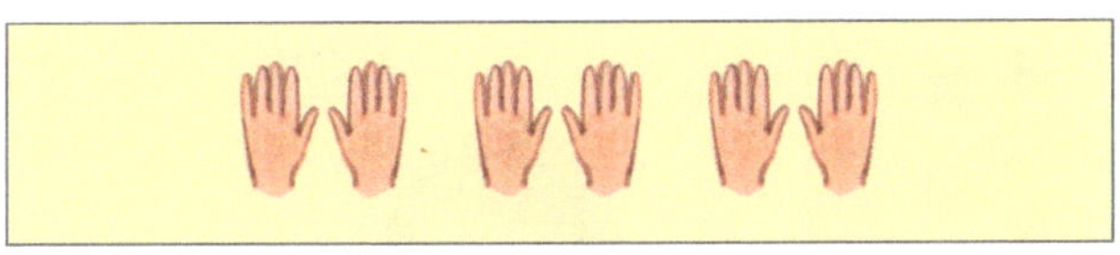

3 · 10 = ___

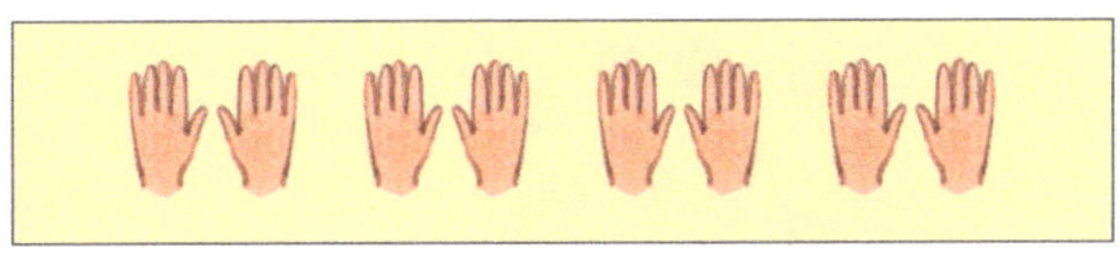

___ · ___ = ___

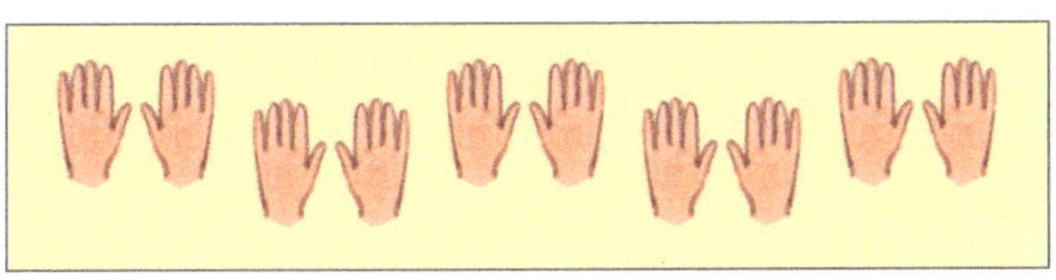

___ · ___ = ___

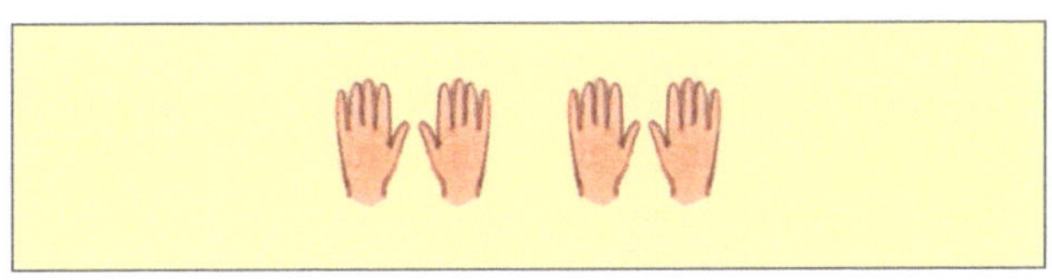

___ · ___ = ___

④

·	5	10
1		
2		
3		
5		

·	5	10
4		
8		
7		
10		

·	5	10
0		
3		
6		
9		

1 Wie viele Paare entstehen?

a) Kreise die Paare ein. **b)** Trage die Ergebnisse ein.

2 Kreise weiter ein. Schreibe und rechne die passende Aufgabe.

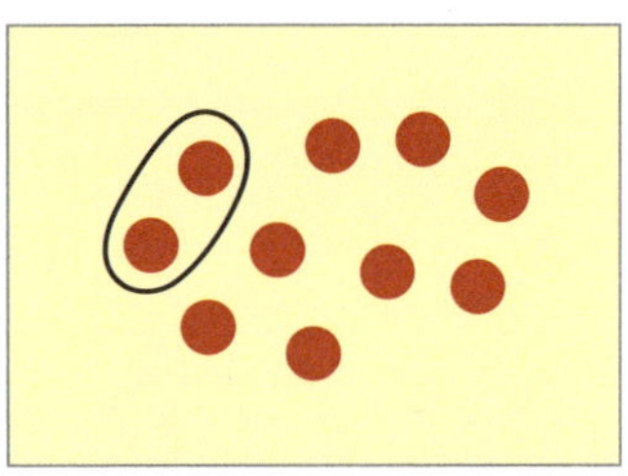

		:		=		

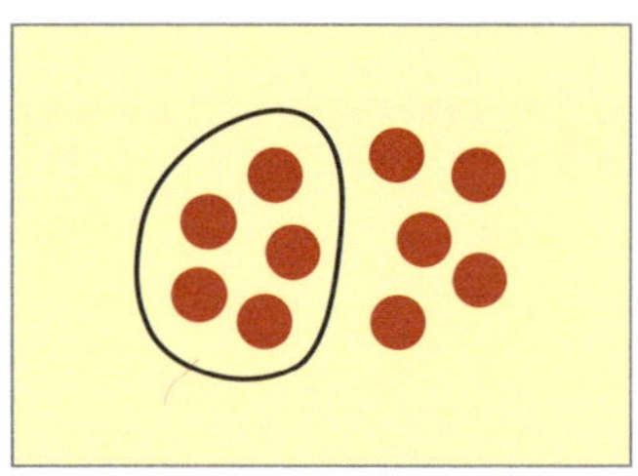

		:		=		

3 Male, kreise ein und rechne.

1	2	:	2	=		

1	5	:	5	=		

2	0	:	5	=		

SB ▸ 70/71 E ▸ 32 A ▸ 32

① Verteile und schreibe.

a) 10 Bälle an 2 Kinder

__ : __ = __

b) 10 Bälle an 5 Kinder

__ : __ = __

c) 20 Bälle an 2 Kinder

__ : __ = __

d) 20 Bälle an 10 Kinder

__ : __ = __

② Schreibe die Aufgaben und rechne.
Ali packt 4 Picknickpakete.
Er verteilt:

a) 12 Brötchen 

b) 8 Äpfel 

c) 4 Flaschen Mineralwasser 

d) 28 Bonbons 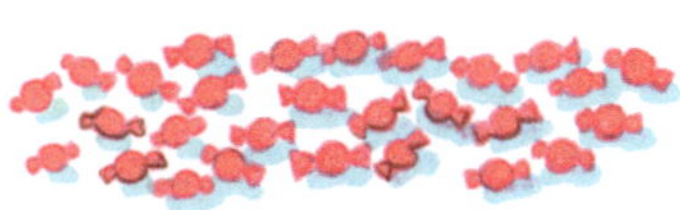

In jedem Picknickpaket sind ____ Brötchen, ____ Äpfel,

____ Flasche Mineralwasser und ____ Bonbons.

③ Schreibe oder male passende Geschichten.
Erkläre dein Ergebnis in einem Satz.

a) 1 2 : 2 = __

b) 1 5 : 5 = __

①

1 Maus hat ___ Beine.
1 · 4 = ___

2 Mäuse haben ___ Beine.
2 · 4 = ___

5 Mäuse haben ___ Beine.
5 · 4 = ___

10 Mäuse haben ___ Beine.
10 · 4 = ___

1 Spinne hat ___ Beine.
1 · 8 = ___

2 Spinnen haben ___ Beine.
2 · 8 = ___

5 Spinnen haben ___ Beine.
5 · 8 = ___

10 Spinnen haben ___ Beine.
10 · 8 = ___

② **a)** Immer ___ weiter

4	8								

b) Immer ___ weiter

8	16								

③ Male alle Zahlen der 4er-Reihe an.

3	8	41	11	43
26	24	30	45	1
25	40	17	4	81
38	20	36	16	28
42	31	5	32	26
2	18	22	12	29
35	6	34	66	6

④ Male alle Zahlen der 8er-Reihe an.

68	74	65	62	49
56	48	80	44	58
40	12	64	38	42
56	16	24	15	54
32	6	32	18	35
64	8	72	21	82
28	25	34	52	50

⑤ Von den Kernaufgaben zu den Nachbaraufgaben.
Rechne zuerst die Kernaufgaben.

a) 3 · 8 = ___
2 · 8 = ___
1 · 8 = ___

b) 6 · 4 = ___
5 · 4 = ___
1 · 4 = ___

c) 4 · 2 = ___
5 · 2 = ___
1 · 2 = ___

d) 9 · 4 = ___
10 · 4 = ___
1 · 4 = ___

SB►74/75 E►34 A►34

① Trage die fehlenden Aufgaben ein. Rechne.

a)	1	·	2	=	
		·	2	=	
	3	·	2	=	
		·		=	
	5	·	2	=	
		·		=	
	7	·	2	=	
		·		=	
	9	·	2	=	
		·	2	=	

b)	1	·	4	=	
	2	·	4	=	
		·		=	
	4	·	4	=	
		·		=	
	6	·	4	=	
		·		=	
	8	·	4	=	
		·		=	
	10	·	4	=	

c)	1	·	8	=	
	2	·	8	=	
		·		=	
		·		=	
	5	·	8	=	
		·		=	
		·		=	
		·		=	
		·		=	
	10	·	8	=	

② Rechne.

a)
4 · 2 = ____　5 · 2 = ____　7 · 8 = ____　6 · 2 = ____　9 · 2 = ____
5 · 4 = ____　6 · 4 = ____　4 · 4 = ____　7 · 4 = ____　8 · 4 = ____
2 · 8 = ____　8 · 2 = ____　7 · 2 = ____　4 · 8 = ____　8 · 8 = ____
3 · 4 = ____　3 · 8 = ____　5 · 8 = ____　6 · 8 = ____　9 · 4 = ____

b)
4 · __ = 16　5 · __ = 40　6 · __ = 48　__ · 2 = 14　__ · 8 = 64
5 · __ = 10　6 · __ = 12　4 · __ = 8　__ · 4 = 24　__ · 4 = 32
3 · __ = 12　8 · __ = 32　8 · __ = 16　__ · 8 = 16　__ · 8 = 72
4 · __ = 32　3 · __ = 24　5 · __ = 20　__ · 4 = 28　__ · 4 = 36

c)
12 : 2 = __　16 : 8 = __　24 : 4 = __　28 : __ = 7　16 : __ = 4
20 : 4 = __　14 : 2 = __　10 : 2 = __　14 : __ = 7　24 : __ = 6
24 : 8 = __　32 : 4 = __　36 : 4 = __　16 : __ = 2　10 : __ = 5
28 : 4 = __　18 : 2 = __　64 : 8 = __　12 : __ = 6　72 : __ = 9

③ Streiche in jeder Reihe die Zahlen durch, die nicht passen.

2	4	6	7	10	12	15	16	18	20

4	8	10	16	20	24	28	30	36	40

8	16	24	32	40	48	54	62	72	80

Einmaleins mit 3 / Einmaleins mit 6

① Schreibe, rechne alle Aufgaben der Dreier- und der Sechserreihe.

a)

	1	·	3	=		
	2	·	3	=		
	3	·	3	=		
	4	·		=		
		·		=		
		·		=		
		·		=		
		·		=		
		·		=		
1	0	·		=		

b)

	1	·	6	=		
	2	·	6	=		
	3	·		=		
		·		=		
		·		=		
		·		=		
		·		=		
		·		=		
		·		=		
1	0	·		=		

② Stimmt ☑ oder stimmt nicht ☐

Es gibt Zahlen, die zur Dreierreihe und zur Sechserreihe gehören. ☐

Alle Zahlen der Sechserreihe sind gerade Zahlen. ☐

Alle Zahlen der Dreierreihe sind ungerade Zahlen. ☐

Alle Zahlen der Sechserreihe gehören auch zur Dreierreihe. ☐

Alle Zahlen der Dreierreihe gehören auch zur Sechserreihe. ☐

③ Rechne.

5 · 3 = ____ 6 · 3 = ____
4 · 3 = ____ 3 · 6 = ____
2 · 6 = ____ 7 · 3 = ____
4 · 6 = ____ 8 · 6 = ____

④ Ergänze.

2 · __ = 6 3 · __ = 9
5 · __ = 30 6 · __ = 36
9 · __ = 27 9 · __ = 54
8 · __ = 24 7 · __ = 42

⑤ Male Tauschaufgaben in derselben Farbe an.
Verbinde jedes Kärtchen mit der Ergebniszahl.

20	21	22	23	24	25	26	27	28	29	30	31	32	33	34	35

3 · 7 7 · 3 4 · 6 5 · 6 8 · 3

3 · 8 6 · 4 3 · 10 6 · 5 10 · 3

SB▶80/81 E▶37 A▶37

① Trage die fehlenden Aufgaben ein. Rechne.

a)	1	·	3	=		
		·		=		
	3	·	3	=		
		·		=		
	5	·	3	=		
		·		=		
	7	·	3	=		
		·		=		
	9	·	3	=		
		·		=		

b)	1	·	6	=		
	2	·	6	=		
		·		=		
	4	·	6	=		
		·		=		
	6	·	6	=		
		·		=		
	8	·	6	=		
		·		=		
1	0	·	6	=		

c)	1	·	9	=		
		·		=		
		·		=		
		·		=		
	5	·	9	=		
		·		=		
		·		=		
		·		=		
	9	·		=		
		·		=		

② Rechne.

a)
4 · 3 = ___ 5 · 3 = ___ 7 · 9 = ___ 6 · 3 = ___ 9 · 3 = ___
5 · 6 = ___ 6 · 6 = ___ 4 · 6 = ___ 7 · 6 = ___ 8 · 6 = ___
2 · 9 = ___ 8 · 3 = ___ 7 · 3 = ___ 4 · 9 = ___ 8 · 9 = ___
3 · 6 = ___ 3 · 9 = ___ 5 · 9 = ___ 6 · 9 = ___ 9 · 6 = ___

b)
4 · ___ = 24 5 · ___ = 45 6 · ___ = 54 ___ · 3 = 21 ___ · 3 = 27
5 · ___ = 15 6 · ___ = 18 4 · ___ = 12 ___ · 6 = 36 ___ · 6 = 42
3 · ___ = 9 8 · ___ = 48 8 · ___ = 24 ___ · 9 = 18 ___ · 9 = 81
4 · ___ = 36 3 · ___ = 27 5 · ___ = 30 ___ · 9 = 63 ___ · 6 = 54

c)
12 : 3 = ___ 18 : 9 = ___ 36 : 6 = ___ 42 : ___ = 7 24 : ___ = 4
30 : 6 = ___ 21 : 3 = ___ 15 : 3 = ___ 21 : ___ = 7 36 : ___ = 6
27 : 9 = ___ 48 : 6 = ___ 36 : 9 = ___ 18 : ___ = 2 15 : ___ = 5
42 : 6 = ___ 18 : 3 = ___ 63 : 9 = ___ 18 : ___ = 6 72 : ___ = 8

③ Streiche in jeder Reihe die Zahlen durch, die nicht passen.

3	6	10	13	15	18	21	24	27	30

1	12	18	26	30	36	40	48	54	60

9	19	27	36	45	56	63	72	81	90

Einmaleins mit 7

① Rechne zu jeder Aufgabe die Tauschaufgabe.

a)

3	·	7	=	2	1
7	·	3	=	2	1

b)

6	·	7	=		
	·		=		

c)

9	·	7	=		
	·		=		

d)

2	·	7	=		
	·		=		

e)

5	·	7	=		
	·		=		

f)

7	·	7	=		
	·		=		

② Ergänze.

a)

	·	7	=	2	8
	·	7	=	3	5
	·	7	=	4	2
	·	7	=	4	9

b)

	·	7	=	1	4
	·	7	=	2	1
	·	7	=	5	6
	·	7	=	6	3

c)

	·	3	=	2	1
	·	5	=	3	5
	·	7	=	4	9
	·	9	=	6	3

③ a)

7	0	:	7	=	
	7	:	7	=	
1	4	:	7	=	
3	5	:	7	=	

b)

2	1	:	7	=	
4	2	:	7	=	
2	8	:	7	=	
5	6	:	7	=	

c)

		:	7	=	3
		:	7	=	5
		:	7	=	7
		:	7	=	9

④ Schreibe die Aufgabe. Rechne.

Meine Zahl ist doppelt so groß wie 5 · 7. Lena

Meine Zahl ist die Hälfte von 8 · 7. Tim

Meine Zahl ist um 7 größer als 6 · 7. Jan

⑤

·	2	4	6	8	10
2					
5					
7					

⑥

·	1	3		7	9
2			10		
5					
		21			

SB▸84/85 E▸39 A▸39

Entdeckungen an der Einmaleinstafel

1 Schreibe die Aufgaben zu den eingezeichneten Mustern als Super-Päckchen.

·	1	2	3	4	5	6	7	8	9	10
1	1	2	3	4	5	6	7	8	9	10
2	2	4	6	8	10	12	14	16	18	20
3	3	6	9	12	15	18	21	24	27	30
4	4	8	12	16	20	24	28	32	36	40
5	5	10	15	20	25	30	35	40	45	50
6	6	12	18	24	30	36	42	48	54	60
7	7	14	21	28	35	42	49	56	63	70
8	8	16	24	32	40	48	56	64	72	80
9	9	18	27	36	45	54	63	72	81	90
10	10	20	30	40	50	60	70	80	90	100

		·			=			
		·			=			
		·			=			
		·			=			
		·			=			
		·			=			
		·			=			
		·			=			
		·			=			
		·			=			

	·		=		
	·		=		
	·		=		
	·		=		
	·		=		

	·			=		
	·			=		
	·			=		
	·			=		
	·			=		

	·		=		
	·		=		
	·		=		
	·		=		
	·		=		

2 Erfinde Super-Päckchen.
Male die Ergebniszahlen in der Einmaleinstafel an.

	·		=		
	·		=		
	·		=		
	·		=		
	·		=		

	·		=		
	·		=		
	·		=		
	·		=		
	·		=		

	·		=		
	·		=		
	·		=		
	·		=		
	·		=		

	·		=		
	·		=		
	·		=		
	·		=		
	·		=		

·	1	2	3	4	5	6	7	8	9	10
1	1	2	3	4	5	6	7	8	9	10
2	2	4	6	8	10	12	14	16	18	20
3	3	6	9	12	15	18	21	24	27	30
4	4	8	12	16	20	24	28	32	36	40
5	5	10	15	20	25	30	35	40	45	50
6	6	12	18	24	30	36	42	48	54	60
7	7	14	21	28	35	42	49	56	63	70
8	8	16	24	32	40	48	56	64	72	80
9	9	18	27	36	45	54	63	72	81	90
10	10	20	30	40	50	60	70	80	90	100

Division mit Rest

① Rechne.

a)

3	2	:	5	=		R	
5	0	:	8	=		R	
3	4	:	4	=		R	
4	4	:	6	=		R	
1	7	:	3	=		R	
5	8	:	8	=		R	

b)

3	2	:	6	=		R	
5	0	:	6	=		R	
3	4	:	8	=		R	
4	4	:	7	=		R	
1	7	:	5	=		R	
5	8	:	7	=		R	

② a)

1	7	:	2	=		R	
2	5	:	3	=		R	
3	3	:	4	=		R	
4	1	:	5	=		R	
4	9	:	6	=		R	
5	7	:	7	=		R	

b)

4	4	:	9	=		R	
3	9	:	8	=		R	
3	4	:	7	=		R	
2	9	:	6	=		R	
2	4	:	5	=		R	
1	9	:	4	=		R	

③ Ali verschenkt 36 Sammelbilder.
Jedes Kind bekommt gleich viele Bilder.
Was kann sein?
Notiere die Ergebnisse in einer Tabelle.
Schreibe.

Anzahl der Freunde				4	5							
Sammelbilder pro Kind												

Wenn Ali 4 Freunde hat, bekommt jeder ___ Sammelbilder.

① Schreibe zu jedem Bild eine Malaufgabe und eine Geteiltaufgabe.

a) 

		·		=		
		:		=		

b) 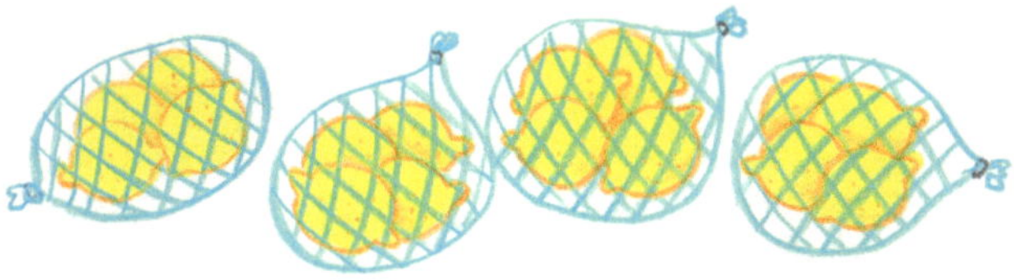

		·		=		
		:		=		

c) 

		·		=		
		:		=		

② In 6 Schachteln sind 36 Eier.

a) Fülle die Tabelle aus.

Schachteln	1	2	3	4	5	6	7	8	9
Eier						36			

b) Beantworte die Fragen mit Hilfe der Tabelle.
Wie viele Eier kaufen die Kinder?

Alena kauft 4 Schachteln, insgesamt _____ Eier.

Max kauft 9 Schachteln, insgesamt _____ Eier.

Ali kauft 7 Schachteln, insgesamt _____ Eier.

c) Wie viele Schachteln kaufen die Kinder?

Anna kauft 12 Eier, das sind _____ Schachteln.

Maria kauft 18 Eier, das sind _____ Schachteln.

Tom kauft 30 Eier, das sind _____ Schachteln.

③ In 4 Netzen sind 16 Zitronen. Fülle die Tabelle aus.
Notiere eine Frage, die du mit Hilfe der Tabelle beantworten kannst.

Frage: ______________________________

Netze				4					
Zitronen		8		16				32	

Symmetrische Figuren

① Wie viele Symmetrieachsen haben die verschiedenen geometrischen Figuren?

a) Zeichne sie ein.

b) Notiere, wie viele du gefunden hast. Wie ist das beim Kreis?

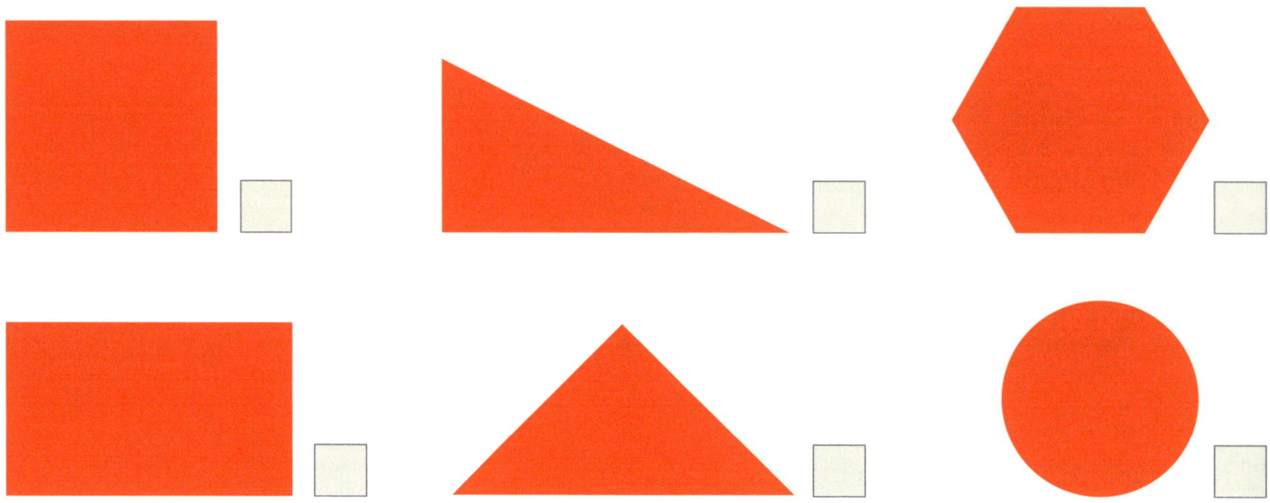

② **a)** Zeichne in jede der blauen Figuren eine Symmetrieachse ein.

b) Stelle die Figuren durch Faltschnitt aus quadratischen Notizzetteln her.
Falte jeweils ein Kopftuch.
Vergleiche mit der Figur.
Überlege, wo du schneiden musst.

c) Zeichne in jedes Kopftuch die Schnittlinie ein.

Ergänze symmetrisch. Lege nach und zeichne.

① 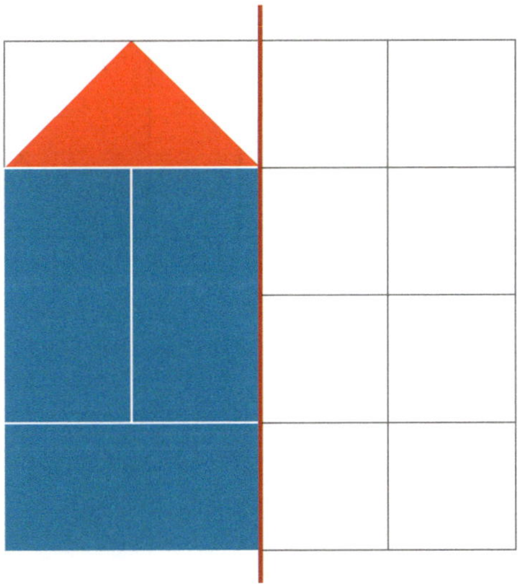

② 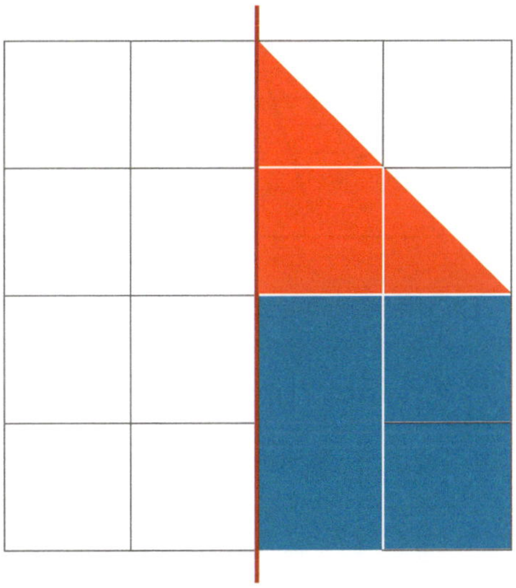

③ 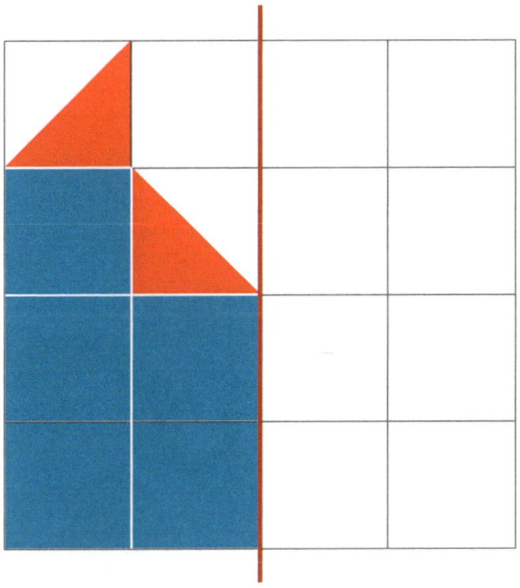

④ 

⑤ 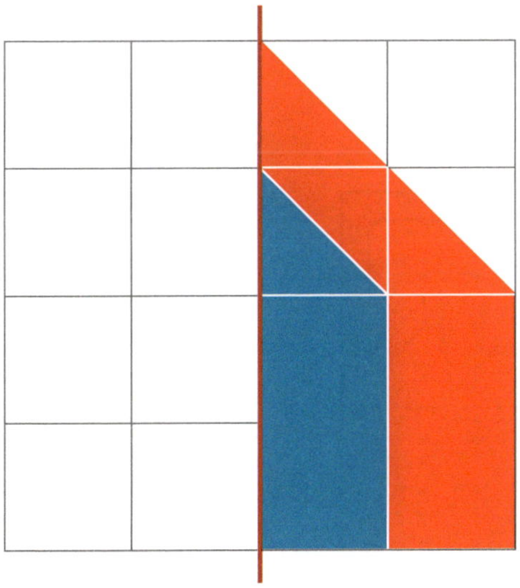

⑥ 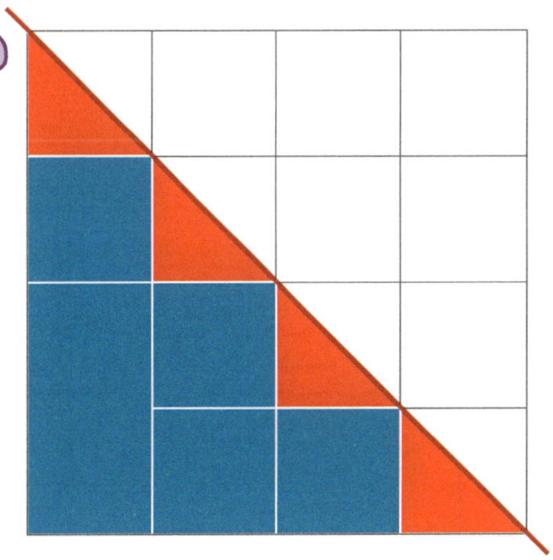

Symmetrie am Geobrett

① Zeichne in symmetrische Figuren eine Symmetrieachse ein.

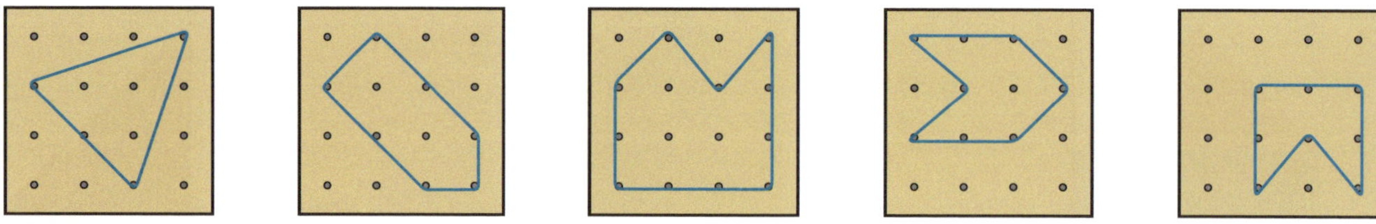

② Spanne. Ergänze zur symmetrischen Figur. Zeichne.

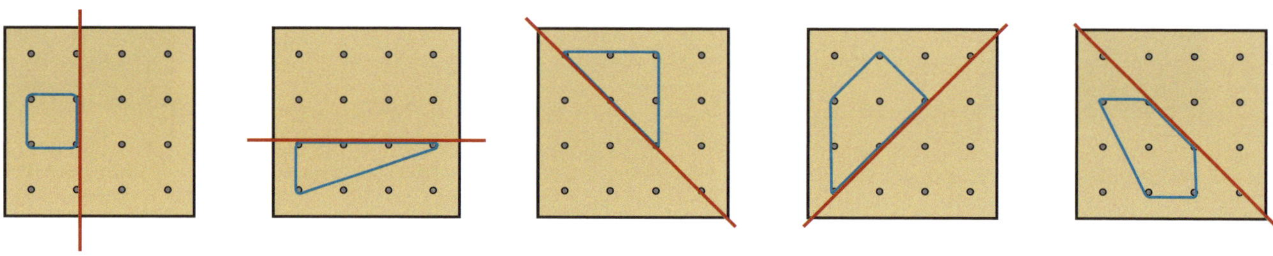

Spanne und zeichne das Spiegelbild.

③

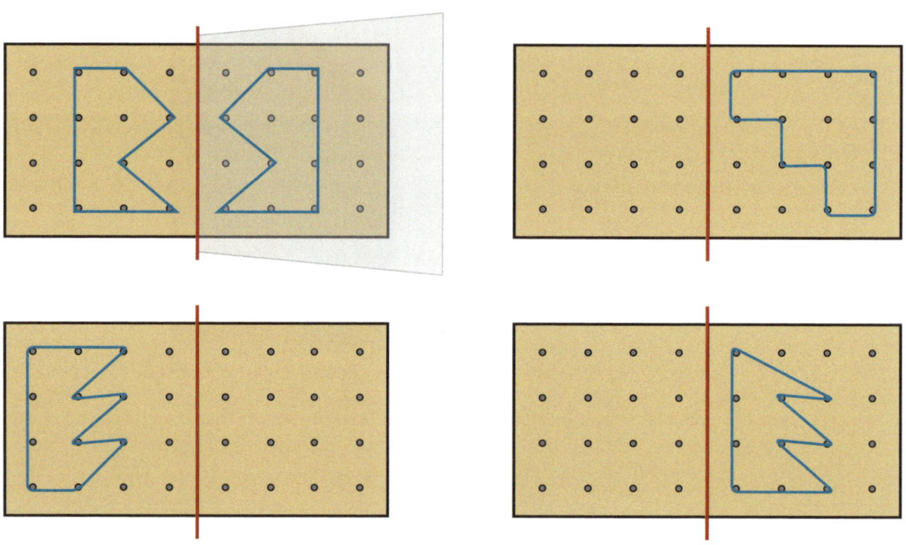

④

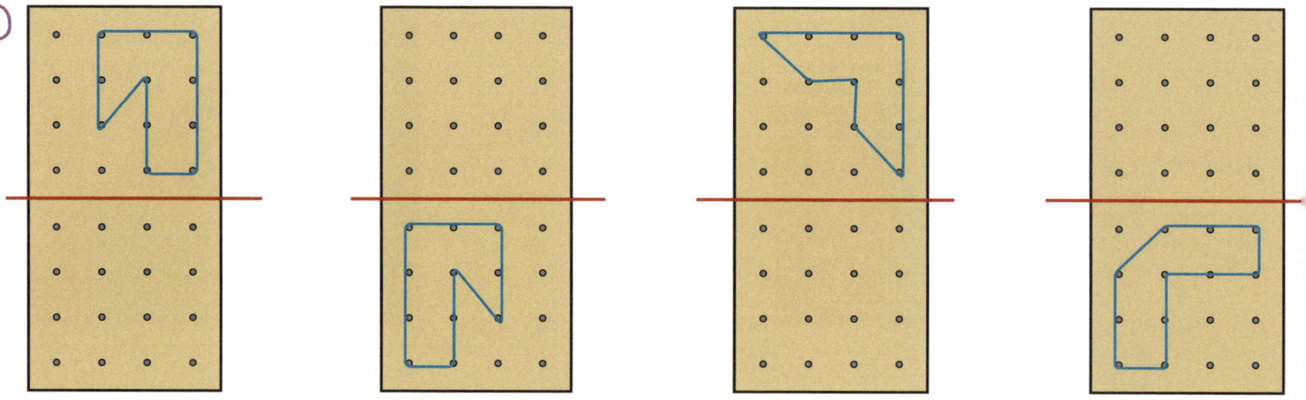

① Rechne zuerst die einfache Aufgabe.

a)

4	8	+		2	=		
4	8	+	3	2	=		

b)

5	4	+		7	=		
5	4	+	2	7	=		

c)

2	6	+	4	9	=		
2	6	+		9	=		

d)

3	5	+	5	0	=		
3	5	+	5	4	=		

e)

1	8	+	6	0	=		
1	8	+	6	8	=		

f)

2	7	+	6	6	=		
2	7	+	6	0	=		

② Rechne geschickt.

a)

2	9	+	1	4	+		1	=		
3	4	+	4	2	+		8	=		
1	6	+	3	8	+	2	4	=		
2	8	+	2	2	+	2	9	=		
3	4	+	1	9	+	3	6	=		

b)

4	5	+	1	8	+		2	=		
2	9	+	3	7	+		3	=		
1	7	+	1	5	+	4	5	=		
5	5	+	2	6	+	1	4	=		
2	5	+	3	7	+	1	5	=		

44 65 67 69 77 77 78 79 84 89 95

③ Rechne mit deinem Rechenweg.

a)

5	7	+	3	5	=		
2	8	+	4	4	=		
4	5	+	4	9	=		
6	8	+	1	3	=		
7	4	+	1	8	=		

b)

5	5	+	2	6	=		
6	4	+	2	7	=		
3	6	+	4	9	=		
3	2	+	5	9	=		
5	9	+	3	6	=		

72 81 81 84 85 91 91 92 92 94 95

④ Finde viele Plusaufgaben.

35 58 19 5 40 26

Subtrahieren – Schnelles Rechnen

① Rechne zuerst die einfache Aufgabe.

a)
43 − 3 =
43 − 23 =

b)
56 − 8 =
56 − 28 =

c)
43 − 16 =
43 − 6 =

d)
72 − 30 =
72 − 34 =

e)
43 − 20 =
43 − 25 =

f)
91 − 47 =
91 − 40 =

② Rechne geschickt.

a)
53 − 15 − 3 =
76 − 20 − 6 =
65 − 26 − 15 =
82 − 12 − 31 =
96 − 43 − 26 =

b)
45 − 17 − 3 =
63 − 28 − 2 =
84 − 15 − 35 =
97 − 28 − 22 =
75 − 47 − 13 =

15 24 25 27 33 34 35 39 45 47 50

③ Rechne mit deinem Rechenweg.

a)
51 − 23 =
62 − 26 =
45 − 25 =
73 − 27 =
91 − 22 =

b)
43 − 19 =
65 − 28 =
72 − 39 =
54 − 28 =
86 − 39 =

20 24 26 28 30 33 36 37 46 47 69

④ Finde viele Minusaufgaben.

35 81 19 5 70 97

① Rechne.

a)

45 + 17 =
45 + 27 =
45 + 37 =
45 + 47 =

b)

26 + 58 =
27 + 58 =
28 + 58 =
29 + 58 =

c)

72 − 14 =
72 − 24 =
72 − 34 =
72 − 44 =

d)

95 − 46 =
94 − 46 =
93 − 46 =
92 − 46 =

② Rechne und trage ein.

a)

+	46	16	23	43
49				
28				

ⓑ

+	55	33		21
	71			
38			80	

c)

−	18	58	55	65
92				
84				

ⓓ

−	35		57	62
				9
65		19		

③ Rechne und trage ein.

a)

	☐	
☐		☐
17	24	19

b)

	99	
☐		☐
☐	31	27

c)

	☐	
☐		16
42	7	☐

④ <, = oder >. Trage ein.

a)

26 + 35 ◯ 50
45 + 27 ◯ 80

b)

64 − 34 ◯ 30
85 − 56 ◯ 20

c)

73 + 19 ◯ 56 + 37
57 + 28 ◯ 41 + 33

d)

48 − 19 ◯ 92 − 54
93 − 47 ◯ 84 − 38

① Zusammen 100

a)

8	5	+		
5	5	+		
3	5	+		
1	5	+		
6	5	+		

b)

7	2	+		
4	4	+		
3	6	+		
8	8	+		
4	9	+		

c)

		+	1	6
		+	2	9
		+	3	7
		+	4	3
		+	7	3

② Bilde Zahlenpaare, deren Summe gleich groß ist.

a) 45 20 40 25   ☐☐ + ☐☐ = ☐☐ + ☐☐

b) 23 49 34 38   ☐☐ + ☐☐ = ☐☐ + ☐☐

c) 29 56 41 68   ☐☐ + ☐☐ = ☐☐ + ☐☐

③ Ergänze passende Zahlen so, dass Zahlenpaare gebildet werden können, deren Summe gleich groß ist.

a) 64 ☐ 18 29

☐☐ + ☐☐ = ☐☐ + ☐☐

b) ☐ 27 53 55

☐☐ + ☐☐ = ☐☐ + ☐☐

④ Ergänze die fehlenden Zahlen.

a) 5 – 20 – ◯ – ◯ – ◯

b) 17 – 16 – ◯ – ◯ – ◯

c) ◯ – 20 – 36 – ◯ – ◯

d) ◯ – 19 – 40 – ◯ – ◯

e) ◯ – ◯ – ◯ – 59 – 100

f) ◯ – ◯ – ◯ – 60 – 99

⑤ Ergänze die fehlenden Zahlen.

a) 6 – ◯ – ◯ – ◯ – 54

b) 18 – ◯ – ◯ – ◯ – 81

① Wie viel Uhr ist es? Schreibe immer beide Uhrzeiten auf.

a) 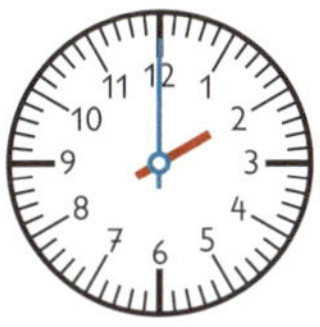

2 Uhr

14 Uhr

b) 

_____ Uhr

_____ Uhr

c) 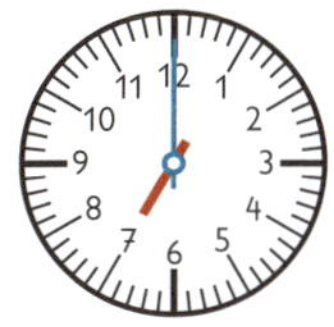

_____ Uhr

_____ Uhr

d) 

_____ Uhr

_____ Uhr

e) 

_____ Uhr

_____ Uhr

f) 

_____ Uhr

_____ Uhr

g) 

_____ Uhr

_____ Uhr

h) 

_____ Uhr

_____ Uhr

② Zeichne die Uhrzeiger ein.
Schreibe auch die zweite passende Uhrzeit auf.

a) 

7.15 Uhr

_____ Uhr

b) 

15.30 Uhr

_____ Uhr

c) 

10.55 Uhr

_____ Uhr

d) 

12.00 Uhr

_____ Uhr

e) 

8.10 Uhr

_____ Uhr

f) 

17.40 Uhr

_____ Uhr

g) 

11.35 Uhr

_____ Uhr

h) 

0.25 Uhr

_____ Uhr

③ Stellt abwechselnd eure Lernuhren ein und lasst den Partner die Zeit ablesen.

Zeitpunkt und Zeitspanne

① Welche Uhrzeiten werden angezeigt?
Male Uhr und Uhrzeit in der gleichen Farbe an.

a) 
b) 
c) 
d) 

e) 
f) 
g) 
h) 

Viertel vor sechs

Mitternacht

zehn nach fünf

Viertel nach neun

ein Uhr dreißig

halb fünf

zehn vor fünf

zwanzig nach acht

② Immer bis zur nächsten vollen Stunde

a)  ___ min → 

b)  ___ min → 

c)  ___ min → 

d)  ___ min → 

e) 12.30 Uhr ___ min → 13 Uhr

f) 1.45 Uhr ___ min → 2 Uhr

g) 16.50 Uhr ___ min → 17 Uhr

h) 5.10 Uhr ___ min → 6 Uhr

i) 17.15 Uhr ___ min → ___ Uhr

j) 9.20 Uhr ___ min → ___ Uhr

k) 21.35 Uhr ___ min → ___ Uhr

l) 6.25 Uhr ___ min → ___ Uhr

SB►112/113 E►53 A►53

③ Mios Klavierunterricht beginnt um 16.15 Uhr und endet um 17 Uhr.
Wie lange dauert der Unterricht?

16.15 Uhr ―― ___ min ――→ 17 Uhr

Der Unterricht dauert ___ Minuten.

④ Maria geht um 14.15 Uhr zur Geburtstagsfeier.
Um 18.15 Uhr ist die Feier zu Ende.
Wie lange dauert die Feier?

14.15 Uhr ―― ___ h ――→ ______ Uhr

Die Feier dauert ___ Stunden.

⑤ Niclas kommt um 12.30 Uhr aus der Schule.
Um 7.30 Uhr ist er am Morgen zur Schule gegangen.
Wie lange war Niclas unterwegs?

______ Uhr ―― ___ h ――→ ______ Uhr

Niclas war ___ Stunden unterwegs.

⑥ Nele muss um 15.30 Uhr beim Zahnarzt sein.
Der Weg dorthin dauert 15 Minuten.
Wann muss sie losgehen, damit sie pünktlich ankommt?

______ Uhr ―― ___ min ――→ ______ Uhr

Sie muss um ____.

⑦ Die Klasse 2a startet um 8.45 Uhr zu ihrer Wanderung.
Sie ist 3 Stunden und 30 Minuten unterwegs.
Wann kommt die Klasse wieder zurück?

______ Uhr ―― ___ h ――→ ______ Uhr ―― ___ min ――→ ______ Uhr

Die Klasse ____.

Unser Kalender – Woche, Monat, Jahr

①

Kalender 2016

Januar

Mo	Di	Mi	Do	Fr	Sa	So
				1	2	3
4	5	6	7	8	9	10
11	12	13	14	15	16	17
18	19	20	21	22	23	24
25	26	27	28	29	30	31

Februar

Mo	Di	Mi	Do	Fr	Sa	So
1	2	3	4	5	6	7
8	9	10	11	12	13	14
15	16	17	18	19	20	21
22	23	24	25	26	27	28
29						

März

Mo	Di	Mi	Do	Fr	Sa	So
	1	2	3	4	5	6
7	8	9	10	11	12	13
14	15	16	17	18	19	20
21	22	23	24	25	26	27
28	29	30	31			

April

Mo	Di	Mi	Do	Fr	Sa	So
				1	2	3
4	5	6	7	8	9	10
11	12	13	14	15	16	17
18	19	20	21	22	23	24
25	26	27	28	29	30	

Mai

Mo	Di	Mi	Do	Fr	Sa	So
						1
2	3	4	5	6	7	8
9	10	11	12	13	14	15
16	17	18	19	20	21	22
23	24	25	26	27	28	29
30	31					

Juni

Mo	Di	Mi	Do	Fr	Sa	So
		1	2	3	4	5
6	7	8	9	10	11	12
13	14	15	16	17	18	19
20	21	22	23	24	25	26
27	28	29	30			

Juli

Mo	Di	Mi	Do	Fr	Sa	So
				1	2	3
4	5	6	7	8	9	10
11	12	13	14	15	16	17
18	19	20	21	22	23	24
25	26	27	28	29	30	31

August

Mo	Di	Mi	Do	Fr	Sa	So
1	2	3	4	5	6	7
8	9	10	11	12	13	14
15	16	17	18	19	20	21
22	23	24	25	26	27	28
29	30	31				

September

Mo	Di	Mi	Do	Fr	Sa	So
			1	2	3	4
5	6	7	8	9	10	11
12	13	14	15	16	17	18
19	20	21	22	23	24	25
26	27	28	29	30		

Oktober

Mo	Di	Mi	Do	Fr	Sa	So
					1	2
3	4	5	6	7	8	9
10	11	12	13	14	15	16
17	18	19	20	21	22	23
24	25	26	27	28	29	30
31						

November

Mo	Di	Mi	Do	Fr	Sa	So
	1	2	3	4	5	6
7	8	9	10	11	12	13
14	15	16	17	18	19	20
21	22	23	24	25	26	27
28	29	30				

Dezember

Mo	Di	Mi	Do	Fr	Sa	So
			1	2	3	4
5	6	7	8	9	10	11
12	13	14	15	16	17	18
19	20	21	22	23	24	25
26	27	28	29	30	31	

a) Welcher Wochentag ist es?

20.2.2016 ____________

14.3.2016 ____________

20.5.2016 ____________

30.11.2016 ____________

b) Lies am Kalender ab und schreibe auf.

3 Tage später ist Samstag, der ____________

2 Tage vorher ist ____________

1 Woche später ist ____________

3 Wochen später ist ____________

2 Woche vorher ist ____________

② Schreibe kurz.

a) 13. April 2016 ____________

b) 29. Februar 2016 ____________

c) 28. September 2016 ____________

③ Schreibe lang.

a) 24. 12. 2016 ____________

b) 16. 5. 2016 ____________

c) 29. 1. 2016 ____________

④ Schreibe die Daten auf.

a) Das Datum von heute ____________

b) Das Datum für den ersten Tag des Jahres ____________

c) Die Daten für alle Montage im Januar 2016 ____________

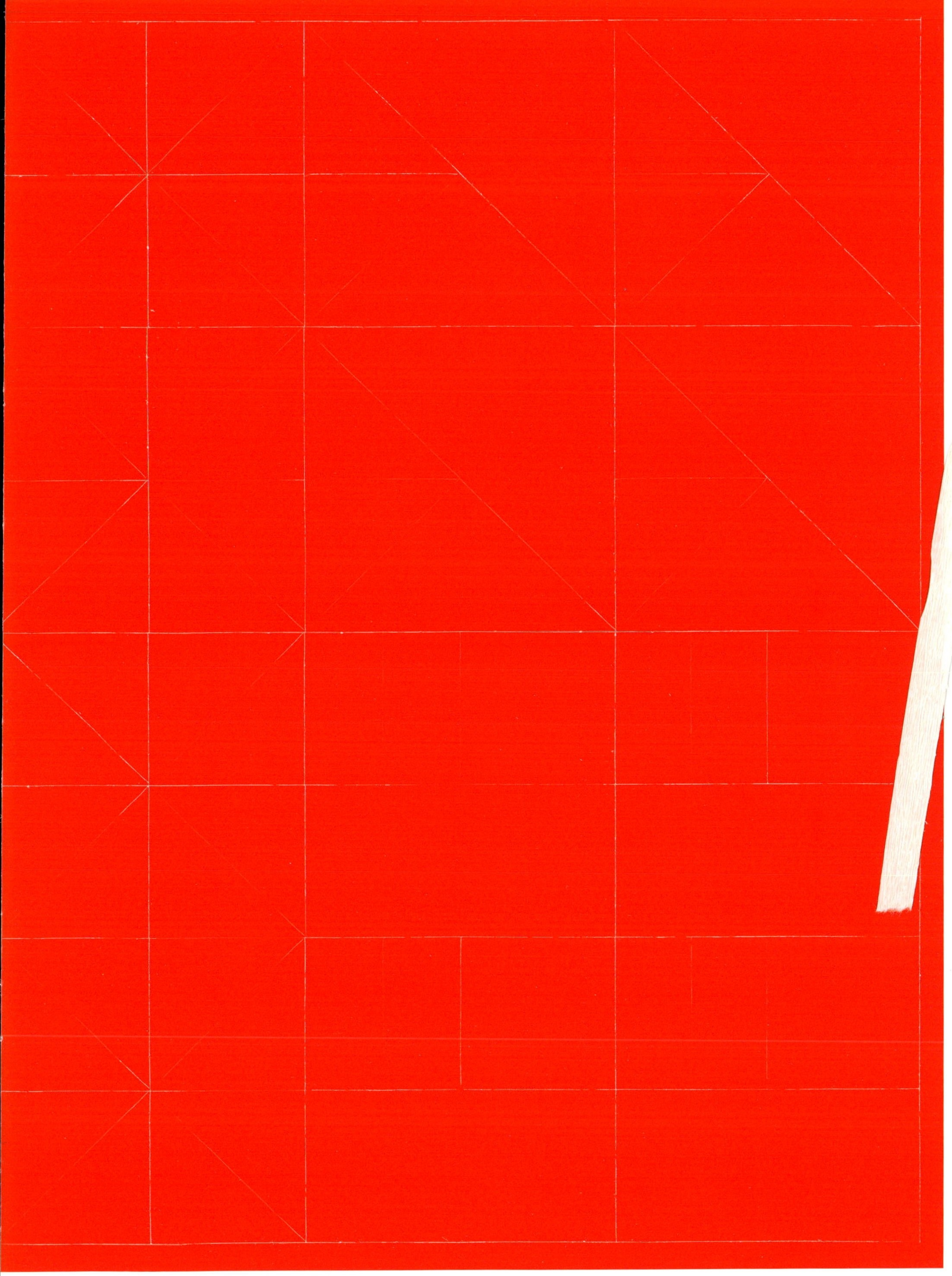

Cornelsen
ISBN 978-3-06-081417-6

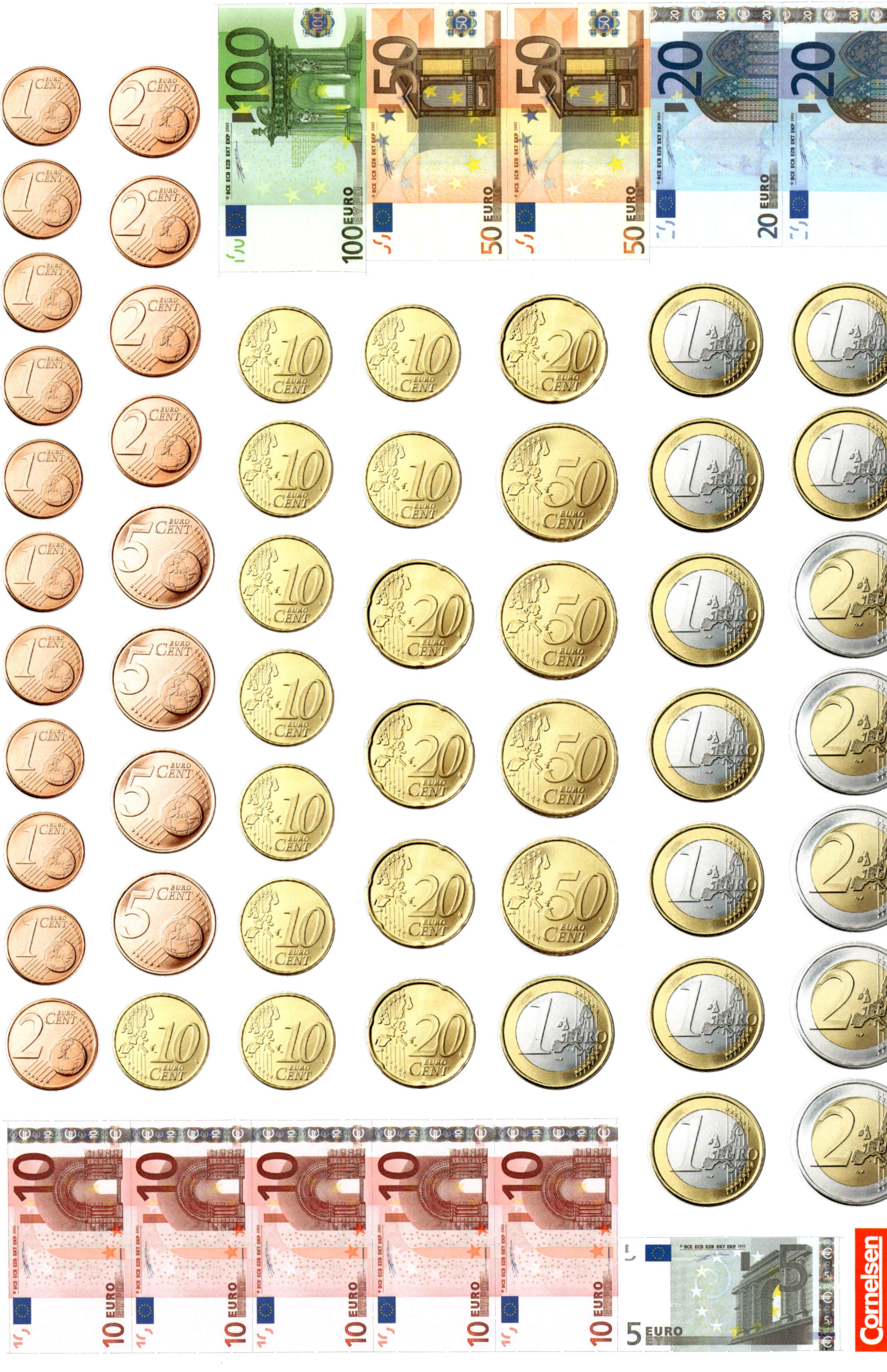

ISBN 978-3-06-081410-7

10 20 30 40 50

60 70 80 90

1 2 3 4 5 6 7 8 9 0

	1	2	3	4	5	6	7	8	9	10
)										

Cornelsen
ISBN 978-3-06-081432-9

•	1	2	3	4	5	6	7	8	9	10
1										
2										
3										
4										
5										
6										
7										
8										
9										
10										

Überlege: Notiere:

Das weiß ich schon: | Das will ich wissen: | So finde ich das heraus: | Das weiß ich jetzt:

1 a) Maria schwimmt zweimal die lange Bahn.

Wie viel Meter ______________________ ?

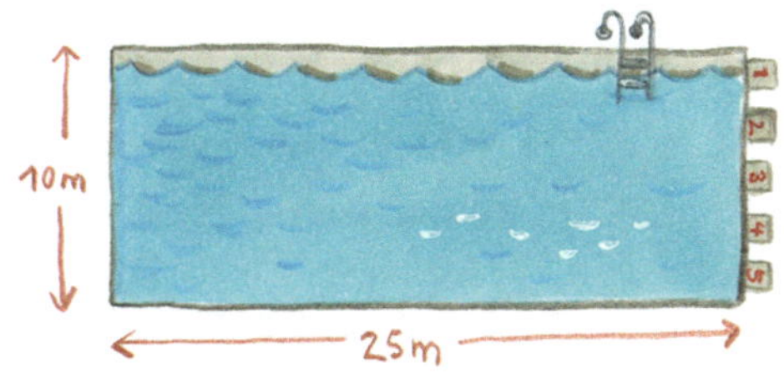

______________________ .

b) Tim schwimmt einmal die lange Bahn und viermal die kurze Bahn.

Wie viel ______________________ ?

______________________ .

2 Die Schwimmer üben den Startsprung.
Immer 7 Kinder stellen sich
an einem Startblock auf.

Wie viele ______________________ ?

______________________ .

3 Die Klassen 2a und 2b sind um 12.30 Uhr zurück in der Schule.
Insgesamt hat der Ausflug ins Schwimmbad 3 Stunden gedauert.

______________________ ?

______________________ .

Projekt: Haustiere

① Alis Familie schafft sich einen Hund an.
Sie besorgen Leine und Halsband, einen Napf und einen Schlafkorb.
Plane den Einkauf so, dass Alis Familie möglichst wenig bezahlen muss.

____

____.

② Am Morgen geht Alis Vater von 7.15 Uhr bis 7.45 Uhr mit dem Hund spazieren.
Insgesamt sollte ein Hund jeden Tag für etwa 3 Stunden nach draußen.

____?

____.

③ Wenn Alis Hund ausgewachsen ist, wird er etwa 56 cm groß sein. Bis dahin muss er noch 19 cm wachsen.

____?

____.

Daten sammeln und darstellen

① Maria hat eine Umfrage zum Thema „Obst“ gemacht.

Klasse 2a
Apfel: 8
Banane: 4
Erdbeere: 10
anderes Obst: 3

Klasse 2b
Apfel: 9
Banane: 5
Erdbeere: 8
anderes Obst: 5

a) Ordne Marias Ergebnisse in der Tabelle. Beschrifte die Tabelle zuerst.

	2a	2b	zusammen
Apfel			
anderes Obst			
zusammen			

b) Zeichne ein Schaubild für beide Klassen.

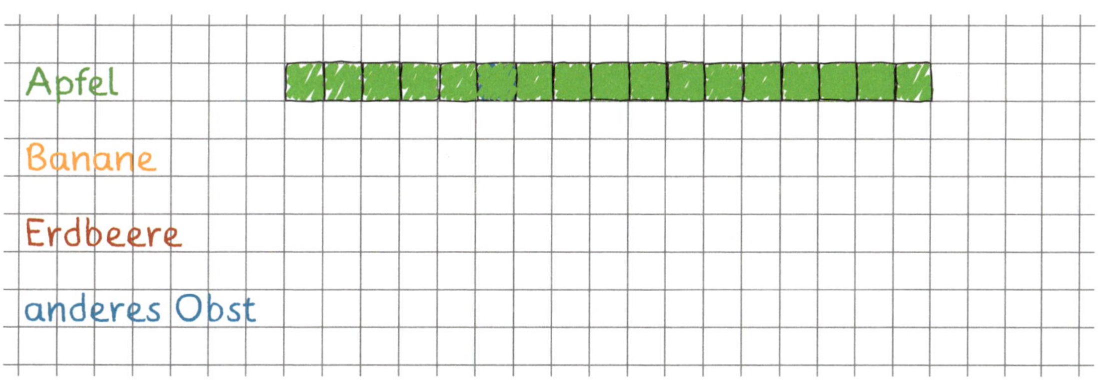

② **a)** Wie viele Kinder aus der Klasse 2a hat Maria befragt? ______________

b) Wie viele Kinder insgesamt mögen Erdbeeren am liebsten? ______________

c) Wie viele Kinder haben ein anderes Lieblingsobst als Banane, Apfel oder Erdbeere? ______________

d) Welche ist die beliebteste Obstsorte? ________________________

e) Welche Obstsorte magst du am liebsten? ________________________

① Jan wünscht sich zu seiner Geburtstagsfeier Obsttörtchen.
Es sollen immer 2 verschiedene Obstsorten auf einem Törtchen sein.
Welche Möglichkeiten gibt es?

a) Trage die Anfangsbuchstaben ein.

b) Kreuze an.

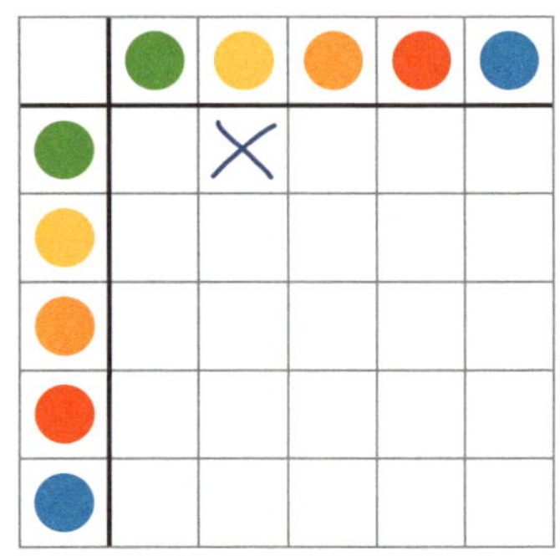

c) Wie viele verschiedene Möglichkeiten gibt es? ______________

---

② Jede Ziffernkarte liegt nur einmal im Kasten.
Nele zieht immer zwei Karten und bildet daraus eine zweistellige Zahl.

a) Welche Zahlen kann sie nicht legen? Streiche sie durch.

12 33 67 9 65 56
54 46 40 66 19

b) Welche Ergebnisse sind sicher, möglich oder unmöglich?
Ordne in der Tabelle.

Lena: „Die Zahl ist kleiner als 20."
Mio: „Die Zahl ist eine Zehnerzahl."
Tim: „Die Zahl ist kleiner als 66."
Jan: „Die Ziffern der Zahl sind gleich."
Mona: „Die Zahl ist größer als 10."
Luise: „Die Zahl gehört zur 9er-Reihe."

sicher	möglich	unmöglich
	Lena	

SB▸122/123 E▸58 A▸58

① a) Zu welchen Gebäuden passen die fertigen Baupläne? Verbinde.
b) Schreibe die fehlenden Pläne und verbinde.

2	2	3	2
2	1		1
1			1

2	3	1	2
2	1	1	1
1		1	

② a) Baue nach Plan.

	4	3	
1	3		
	1	2	2

1	3	2	
	2	4	2
		2	

		3	
	3	1	3
	1	3	2

2	3	2	
3	2	3	
	1		

b) Vergleiche die Pläne. Markiere: Stimmt ✓ oder stimmt nicht ⧄

Zu jedem Gebäude gehören Würfeltürme in drei verschiedenen Größen. ☐

Zu jedem Gebäude gehören mindestens zwei Zweiertürme. ☐

Alle Gebäude wurden aus gleich vielen Würfeln errichtet. ☐

Nebeneinander stehende Türme sind immer unterschiedlich hoch. ☐

③ Ergänze symmetrisch auf dem zweiten Bauplatz.
Schreibe den Bauplan für die ergänzte Hälfte.

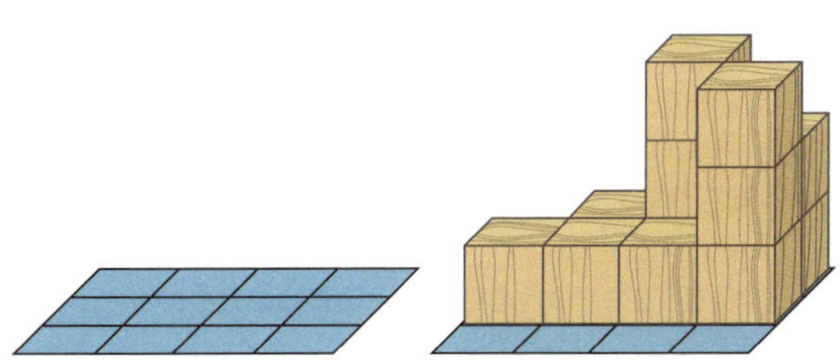

Ansichten von Würfelgebäuden

① Wer hat welchen Bauplan geschrieben?

3	2	1
2	1	2
1		

______

1	2	
2	1	
3	2	1

______

		1
2	1	2
1	2	3

______

1	2	3
	1	2
	2	1

______

② Schreibe die Baupläne für die Kinder.

Jan

Alena

Tim

Naomi

③ Überprüfe die Baupläne. Trage ein: ☑ oder ☒

1	2	
	3	
2	2	2

Naomi ☐

2	3	2
	3	
	2	1

Jan ☐

1		2
2	3	2
2		

Tim ☐

		2
2	3	2
1		2

Alena ☐

④ Wer hat welchen Bauplan geschrieben? Trage die Namen ein.

Tim sitzt vor dem Gebäude.
Jan sitzt gegenüber von Tim.
Naomi sitzt rechts neben Tim.
Alena sitzt links neben Tim.

3	2	
	3	1
		2

Tim

	1	2
2	3	
3		

______

		3
	3	2
2	1	

______

2		
1	3	
	2	3

______

SB►126/127 E►60 A►60

1 Schneide aus Notizzetteln je 4 kleine Quadrate.

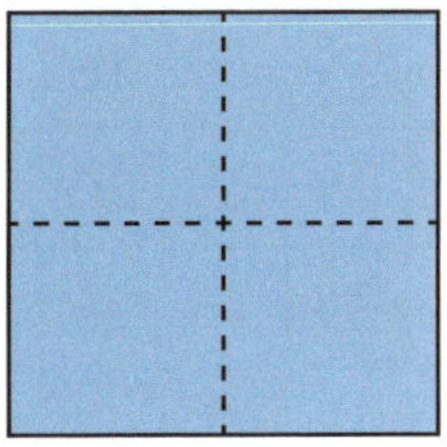

So geht es auch ohne falten:

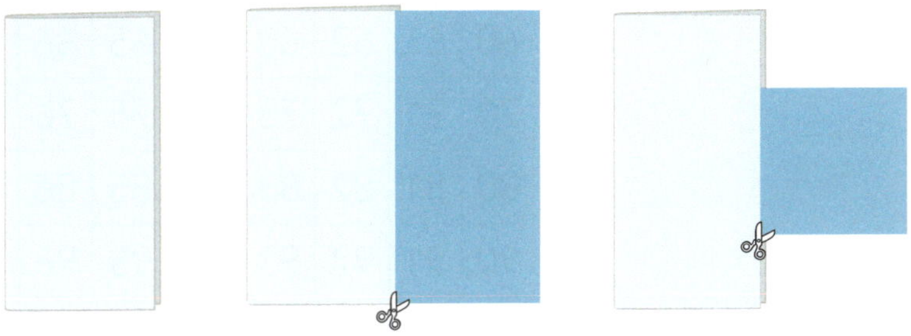

2 **a)** Schneide aus den kleinen Quadraten Dreiecke und Vierecke als Baumaterial für eine Brücke.
b) Gestalte die Umgebung der Brücke.

3 Überlege mit deinem Partner, wo Brücken wichtig sind.
☐• Schaut euch verschiedene Brücken in Sachbüchern an.

0	1	2	3	4	5	6	7	8	9
10	11	12	13	14	15	16	17	18	19
20	21	22	23	24	25	26	27	28	29
30	31	32	33	34	35	36	37	38	39
40	41	42	43	44	45	46	47	48	49
50	51	52	53	54	55	56	57	58	59
60	61	62	63	64	65	66	67	68	69
70	71	72	73	74	75	76	77	78	79
80	81	82	83	84	85	86	87	88	89
90	91	92	93	94	95	96	97	98	99

① Male zu jeder Zahl die Tauschzahl in der entsprechenden Farbe an.

② Welche Felder bleiben weiß?
Trage die Zahlen nach der Größe geordnet ein.

0									

Gibt es zu diesen Zahlen auch Tauschzahlen?

____

③ **a)** Trage alle grün unterlegten Zahlenpaare ein.
b) Berechne für jedes Zahlenpaar den Unterschied. Trage ein.

3	30												

Der Unterschied ist bei allen Zahlenpaaren ____________________.

④ Verfahre wie in Aufgabe 3.

Bei diesen Zahlenpaaren ____________________

______________________________.

SB►132/133 E►63 A►63

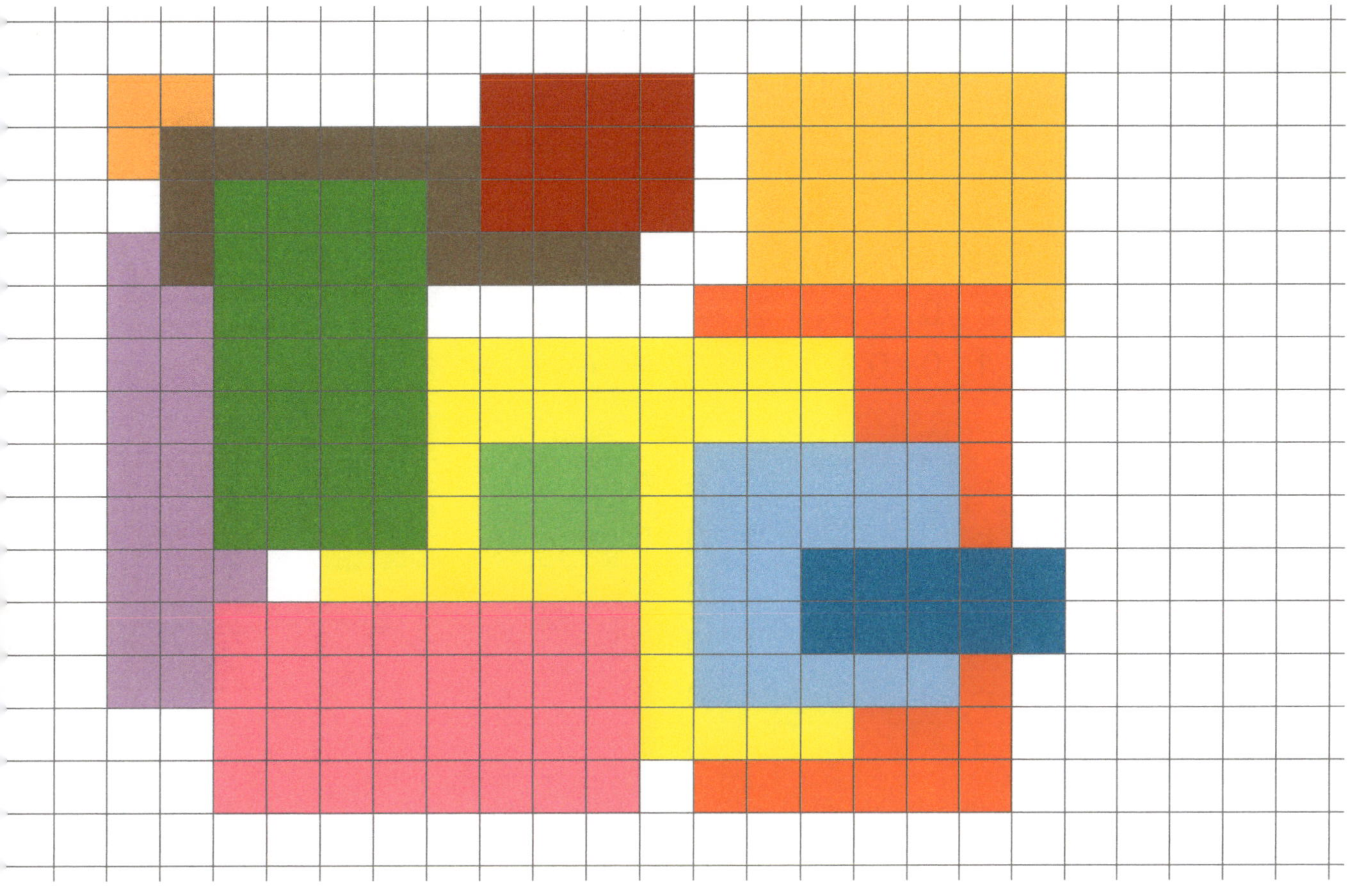

① Finde zu jedem farbigen Rechteck die passende Malaufgabe.
Schreibe und rechne.

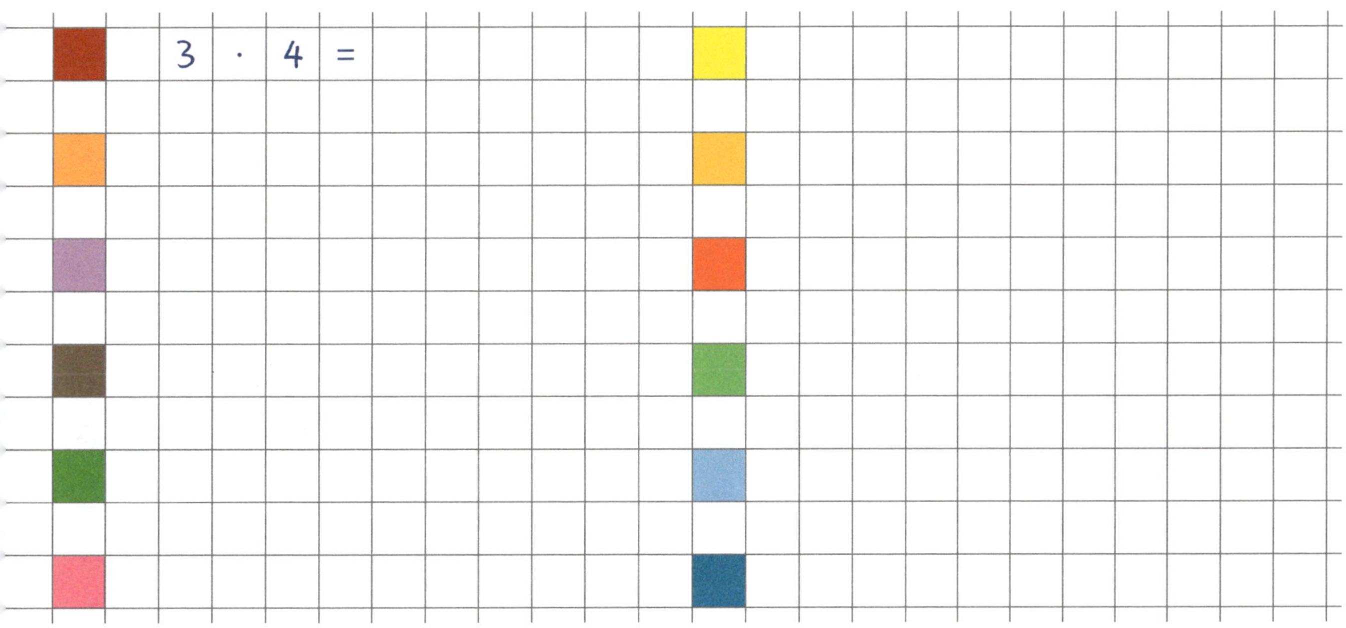

② Male ein eigenes Einmaleinsbild in dein Heft.
Schreibe und rechne dazu alle Aufgaben.

① Immer 100

4	3	+			=	1	0	0
8	4	+			=	1	0	0
6	1	+			=	1	0	0
5	7	+			=	1	0	0
2	2	+			=	1	0	0
3	6	+			=	1	0	0

		+	2	4	=	1	0	0
		+	4	9	=	1	0	0
		+	5	3	=	1	0	0
		+	7	8	=	1	0	0
		+	3	2	=	1	0	0
		+	6	7	=	1	0	0

1	0	0	–	2	6	=		
1	0	0	–	4	7	=		
1	0	0	–	7	3	=		
1	0	0	–	3	5	=		
1	0	0	–	5	9	=		
1	0	0	–	8	2	=		

1	0	0	–			=	8	9
1	0	0	–			=	6	4
1	0	0	–			=	5	6
1	0	0	–			=	7	8
1	0	0	–			=	4	5
1	0	0	–			=	3	8

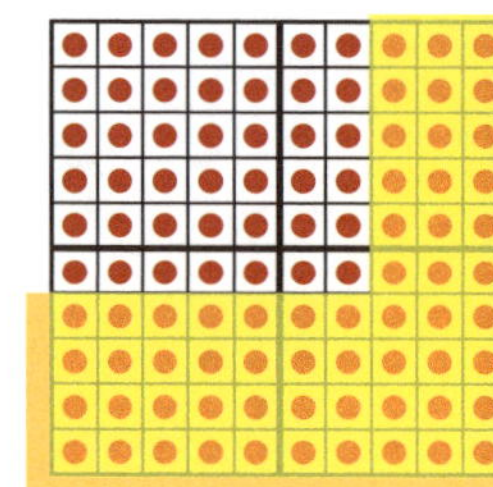

② Notiere nur die Ergebnisse, die du im Kopf lösen kannst.

24 + 47 = ___	63 + 28 = ___	52 – 17 = ___	45 – 18 = ___
38 + 25 = ___	54 + 37 = ___	65 – 36 = ___	76 – 39 = ___
47 + 36 = ___	75 + 18 = ___	74 – 48 = ___	64 – 28 = ___
56 + 28 = ___	48 + 48 = ___	93 – 55 = ___	87 – 49 = ___
65 + 27 = ___	39 + 56 = ___	81 – 64 = ___	93 – 58 = ___
73 + 19 = ___	55 + 39 = ___	62 – 26 = ___	71 – 35 = ___

③ **a)** Schreibe zwei Super-Päckchen.

1	2	3	4	5	6	7	8	9	10
11	12	13	14	15	16	17	18	19	20
21	22	23	24	25	26	27	28	29	30
31	32	33	34	35	36	37	38	39	40
41	42	43	44	45	46	47	48	49	50
51	52	53	54	55	56	57	58	59	60
61	62	63	64	65	66	67	68	69	70
71	72	73	74	75	76	77	78	79	80
81	82	83	84	85	86	87	88	89	90
91	92	93	94	95	96	97	98	99	100

Zusammen immer ___	Zusammen immer ___
12 + 56 = ___	15 + 77 = ___
___ + ___ = ___	___ + ___ = ___
___ + ___ = ___	___ + ___ = ___
___ + ___ = ___	___ + ___ = ___
___ + ___ = ___	___ + ___ = ___
___ + ___ = ___	___ + ___ = ___

SB► 134/135 E► 64 A► 64

④ Trage die Uhrzeiten und die Zeitspanne zwischen den Zeiten ein.

von ______ Uhr bis ______ Uhr

____ min →

von ______ Uhr bis ______ Uhr

____ min →

⑤ Nele hat 30 €. Sie kauft den Softfußball und die Laufdosen.

Softfußball 19 €

Laufdosen 9 €

Das will ich wissen: ______________________

So finde ich das heraus:

Das weiß ich jetzt: ______________________

⑥ Schreibe die Päckchen. Rechne und male an.

·	1	2	3	4	5	6	7	8	9	10
1	1	2	3	4	5	6	7	8	9	10
2	2	4	6	8	10	12	14	16	18	20
3	3	6	9	12	15	18	21	24	27	30
4	4	8	12	16	20	24	28	32	36	40
5	5	10	15	20	25	30	35	40	45	50
6	6	12	18	24	30	36	42	48	54	60
7	7	14	21	28	35	42	49	56	63	70
8	8	16	24	32	40	48	56	64	72	80
9	9	18	27	36	45	54	63	72	81	90
10	10	20	30	40	50	60	70	80	90	100

	·		=	
	·		=	
	·		=	
	·		=	
	·		=	

	·		=	
	·		=	
	·		=	
	·		=	
	·		=	

4	·	9	=	
5	·	9	=	
6	·	9	=	
7	·	9	=	
8	·	9	=	

6	·	2	=	
6	·	3	=	
6	·	4	=	
6	·	5	=	
6	·	6	=	

⑦ Ergänze symmetrisch und male.

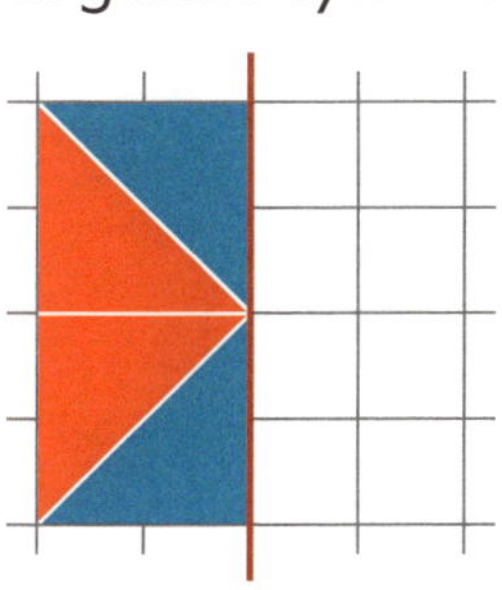

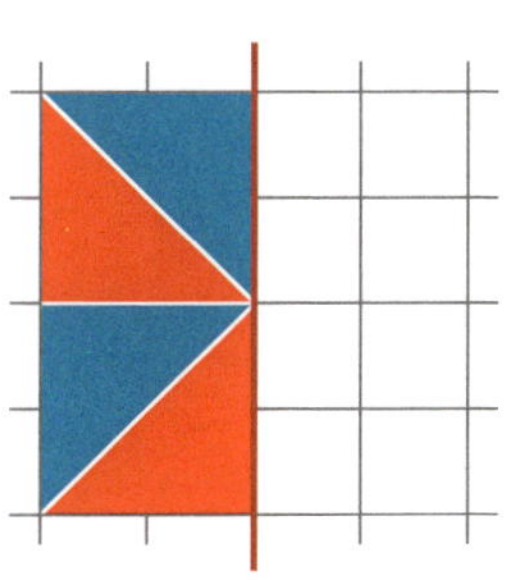

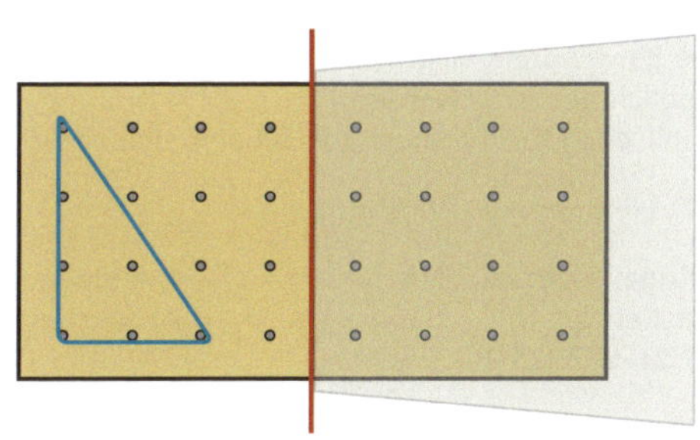

Super M

Arbeitsheft 2

Herausgegeben von: Ursula Manten, Reinhard Forthaus

Erarbeitet von: Ulrike Braun, Reinhard Forthaus, Matthia Gratzki, Ursula Manten, Ariane Ranft, Gabi Viseneber, Mirjam Walde

Unter Einbeziehung der Ausgabe von: Julia Beusel, Heidi Dietz, Bettina Egbers, Matthia Gratzki, Klaus Heinze, Christine Schollmeier-Lulay, Susanne Sutthoff

Redaktion: Jens-Uwe Mertens, Redaktion Grundschule

Illustrationen: Martina Leykamm, Dorothee Mahnkopf (Super M)

Grafik: Christine Wächter, Christian Görke

Layoutkonzept: hawemannundmosch

Layout und technische Umsetzung: Checkplot, Anker & Röhr

Umschlaggestaltung: Ines Schiffel

Bildnachweis: Ursula Manten, Aachen: S.6, 12

Bestandteile des Lehrwerks Super M für das 2. Schuljahr

Schülerbuch 2 mit Kartonbeilagen	978-3-06-083024-4
Arbeitsheft 2	978-3-06-083025-1
Arbeitsheft 2 mit CD-ROM	978-3-06-083411-2
Förderheft – Einstiege 2	978-3-06-083834-9
Forderheft – Aufstiege 2	978-3-06-083833-2
Handreichungen 2 für den Unterricht mit Lehrermagazin	978-3-06-083413-6
Kopiervorlagen 2 mit CD-ROM	978-3-06-083414-3
Im Paket: Handreichungen 2 für den Unterricht mit Lehrermagazin und Kopiervorlagen 2 mit CD-ROM	978-3-06-083915-5
Arbeitsheft 2 Rechentraining	978-3-06-083166-1

www.cornelsen.de

Alle Drucke dieser Auflage sind inhaltlich unverändert
und können im Unterricht nebeneinander verwendet werden.

Druck: Himmer AG, Augsburg

1. Auflage, 1. Druck 2014
Arbeitsheft 2
978-3-06-083025-1

1. Auflage, 1. Druck 2014
Arbeitsheft 2 mit CD-ROM
978-3-06-083411-2

PEFC zertifiziert
Dieses Produkt stammt aus nachhaltig bewirtschafteten Wäldern und kontrollierten Quellen.
www.pefc.de

PEFC/04-31-1549